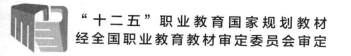

"十二五"职业教育国家规划教材
经全国职业教育教材审定委员会审定

工业和信息化精品系列教材
网络技术

COMPUTER
NETWORK TECHNOLOGY

计算机网络基础

第3版 | 微课版

武春岭 王隆杰 汪双顶／主编
黄君羡 肖 颖 周素青／副主编

人民邮电出版社
北 京

图书在版编目（CIP）数据

计算机网络基础：微课版 / 武春岭，王隆杰，汪双顶主编. -- 3版. -- 北京：人民邮电出版社，2024.8
工业和信息化精品系列教材. 网络技术
ISBN 978-7-115-62392-8

Ⅰ. ①计… Ⅱ. ①武… ②王… ③汪… Ⅲ. ①计算机网络－高等职业教育－教材 Ⅳ. ①TP393

中国国家版本馆CIP数据核字(2023)第139778号

内 容 提 要

本书全面介绍计算机网络的基础知识，内容包括初识计算机网络，认识身边的局域网，熟悉网络系统，了解局域网组网技术，掌握 OSI 参考模型，掌握 TCP/IP 网络通信标准，掌握 IEEE 802 通信标准，了解广域网接入技术，保障网络安全、排除网络故障，懂一点数据通信技术。旨在帮助学生认识计算机网络系统，了解网络通信标准，熟悉网络通信协议，理解网络通信过程。

本书采用"技术背景→知识讲解→任务实施"的方式讲解计算机网络技术原理。区别于同类教材，本书提供近 500 张图片配合讲解计算机网络技术原理，以达到图文并茂、知识讲解深入浅出的效果。此外，区别于传统的计算机网络基础教材，本书每一单元都有相关的计算机网络实践任务，以强化计算机网络知识的应用，引领学生步入计算机网络之门。

本书可作为大、中专院校计算机及其相关专业的计算机网络基础课程的教材，也可作为计算机网络技术的入门读物。

◆ 主　　编　武春岭　王隆杰　汪双顶
　　副 主 编　黄君羡　肖　颖　周素青
　　责任编辑　鹿　征
　　责任印制　王　郁　焦志炜

◆ 人民邮电出版社出版发行　　北京市丰台区成寿寺路 11 号
　　邮编　100164　　电子邮件　315@ptpress.com.cn
　　网址　https://www.ptpress.com.cn
　　北京市艺辉印刷有限公司印刷

◆ 开本：787×1092　1/16
　　印张：15　　　　　　　　　　　　2024 年 8 月第 3 版
　　字数：318 千字　　　　　　　　　2024 年 8 月北京第 1 次印刷

定价：59.80 元

读者服务热线：(010)81055256　印装质量热线：(010)81055316
反盗版热线：(010)81055315
广告经营许可证：京东市监广登字 20170147 号

前　言

随着人类社会进入移动互联网时代，计算机网络相关的新思想、新技术、新应用层出不穷。因此，不仅计算机专业人员必须掌握计算机网络基础知识，青年学生也应该掌握计算机网络基础知识，这样才能适应当前技术的发展。

本书主要讲解计算机网络基础知识。与传统的重原理、讲技术的计算机网络基础教材不同，本书更注重培养学生的网络应用能力和解决实际网络问题的能力。为提高可读性，本书在本次修订时增加了数百张网络技术相关图片，通过图文并茂的方式，加深学生对抽象网络原理的理解。

本书通过项目引领、任务驱动的方式安排内容，每个单元都以一个与网络技术相关的生活场景为技术背景引出技术，把需要掌握的网络技术知识分解到多个任务中进行讲解。其中，每个任务解决一个网络应用问题。本书以熟悉任务、了解原理、学习技术和实践项目"四维一体"的教学模式，把抽象的网络原理通过多个任务阐释出来。这样不仅能帮助学生理解网络原理，更能提升学生的网络应用能力，充分体现了本书的系统性和实用性。同时，每单元设置了"科技之光"模块，重点介绍和网络技术相关的我国信创产业的科技成果，以此推进党的二十大精神进教材、进课堂、进头脑，将"坚持教育优先发展、科技自立自强、人才引领驱动"作为全书的指导思想，深入落实"实施科教兴国战略，强化现代化建设人才支撑"要求到课程和教材中，进一步推进网络强国，助力数字中国的建设目标实现。

本书作为计算机及其相关专业的基础教材，可以在专业核心课程之前让学生学习。本书共 10 个单元，建议安排 64～96 学时（每周 4～6 学时，累计 16 个教学周）。实际学时可根据不同地区、不同学校、不同专业学生的基础情况进行增减。具体学时安排的建议如下表所示。

单元	建议学时	教学重点、难点
单元 1　初识计算机网络	4～6 学时	一般了解
单元 2　认识身边的局域网	6～8 学时	教学重点
单元 3　熟悉网络系统	8～12 学时	一般了解
单元 4　了解局域网组网技术	6～8 学时	教学重点
单元 5　掌握 OSI 参考模型	8～12 学时	教学难点
单元 6　掌握 TCP/IP 网络通信标准	10～14 学时	教学难点
单元 7　掌握 IEEE 802 通信标准	8～12 学时	教学重点

续表

单元	建议学时	教学重点、难点
单元 8　了解广域网接入技术	4～8 学时	一般了解
单元 9　保障网络安全、排除网络故障	4～6 学时	一般了解
单元 10　懂一点数据通信技术	6～10 学时	一般了解
合计	64～96 学时	—

本书中的部分网络任务涉及交换机、路由器设备，建议让学生自己动手操作。由于条件限制，学生可以选择 Packet Tracer、eNSP 模拟器和锐捷模拟器进行虚拟化实验，增强课程体验。本书中的网络实践涉及的产品来自业内的知名数通厂商，书中涉及的技术内容力求遵循业内通用的技术标准。

本书是"十二五"职业教育国家规划教材，第 1 版和第 2 版通过项目引领、任务驱动的方式循序渐进、深入浅出地讲解计算机网络基础知识，受到市场的热烈欢迎。为满足当前技术发展的需求，人民邮电出版社邀请重庆电子工程职业技术学院武春岭教授、深圳职业技术大学王隆杰教授、广东交通职业技术学院黄君羡教授、无锡职业技术学院肖颖教授、福建信息职业技术学院周素青教授等专家及企业的工程师参与本书的修订工作，增强本书的职业性、专业性、实践性。本书图文并茂，可以激发学生的学习兴趣，引领学生步入计算机网络之门。作为计算机行业内的技术专家，汪双顶主导全书工程项目规划、任务体例设计和教材样式设计，并承担相关文档修订、任务验证及内容勘误的工作。

本书配套的教学资源（如教材大纲、教学标准、电子教案、课件 PPT、习题答案等）可在人邮教育社区（www.ryjiaoyu.com）中搜索关键字（作者或书名）免费下载。此外，如果需要进行技术交流，请将相关内容发送至邮箱 410395381@qq.com。

创新网络教材编辑委员会
2024 年 4 月

目 录

单元1
初识计算机网络

01

技术背景

王琳每次回家前，都会先在铁路 12306 软件上购买火车票，然后直接刷身份证上火车；张雪特别喜欢在淘宝上购买衣服、化妆品和零食，通过支付宝支付，快递到了以后到校门口取件；林丹老师每天需要通过 QQ 群和同学们沟通……可以看出，网络已经改变了人们传统的生活方式。

本单元可以帮助学生认识身边的网络，并学会熟练使用互联网。

技术导读

学习任务	能力要求	技术要求
任务 1.1　认识身边的网络	了解网络入门知识	了解网络的分类，了解计算机网络系统的组成
任务 1.2　熟练使用互联网	能够使用互联网解决生活中遇到的问题	了解万维网访问原理，掌握 Internet 的主要应用

任务 1.1　认识身边的网络

任务描述

学校刚刚公布放暑假的时间，王琳马上打开手机上的铁路 12306 软件，购买了一张回家的车票。她通过支付宝完成了支付，然后在火车站直接刷身份证上火车。如果临时有变化，她也可以直接在铁路 12306 软件上改签或退票，不需要去火车站进行人工改签或退票，非常方便。由此可见，互联网已经改变了人们的生活方式。

任务分析

随着互联网技术的发展，网络成为人们日常生活中不可缺少的一部分。只有了解网络、熟悉网络、掌握网络知识，才能利用网络实现更好的生活和工作。

技术介绍

人类社会已经进入移动互联网时代，网络技术的发展和应用，不仅能反映一个国家的计算机科学技术水平，也能衡量一个国家的综合国力和现代化程度。网络的应用场景各种各样，小型办公网络、家居网络是较常见的场景，如图 1-1 所示。

（a）小型办公网络　　　　　　　　（b）家居网络

图 1-1　网络的应用场景

1.1.1　了解计算机网络

计算机网络诞生于 20 世纪 50 年代，是继电信网络、有线电视网络之后的第三个世界级大型网络。

1. 什么是计算机网络

计算机网络是利用通信设备和线路将功能独立的多个计算机系统连接在一起，实现资源共享和信息传输的系统。

2. 计算机网络的功能

计算机网络的功能体现在以下 4 个方面：数据通信、资源共享、分布式计算和集中式管理，以及均衡负载。

（1）数据通信

网络传递信息的速度很快，它不仅可以传输文字，还可以传输图像和视频。网络消除了距离限制，实现了数字化通信，常见的网络数据通信方式有视频电话、微信语音电话、QQ 语音电话等，图1-2 所示为微信语音电话。

（2）资源共享

连接在一起的计算机可以共享网络中的资源（如硬件、软件、数据库等），提高资源利用率，实现计算机整体性价比的提升。图 1-3 所示为办公网中的资源共享场景，多个部门不仅能共享打印机、传真机等硬件资源，还能共享搭建在网络中的服务器资源，如通过服务器集中计算、共享服务器中的数据库资源等。

计算机网络
的功能

图1-2　微信语音电话

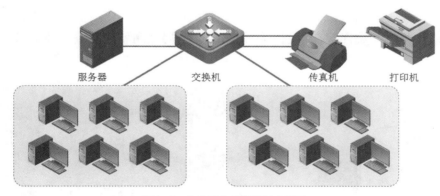

图1-3　办公网中的资源共享场景

（3）分布式计算和集中式管理

网络实现了不同地理位置计算机间的通信，进而使分布式计算得以实现。很多大型项目都能被分解为许多小任务，这些小任务分别由网络中不同的计算机承担，即可实现分布式计算。如图 1-4 所示，分布在 Internet 不同位置上的用户，通过 Internet 依托不同服务器，实现分布式计算，并将计算结果汇总在根服务器中实现集中式管理，这样可以提高工作效率，节省资源。

（4）均衡负载

利用网络将大型计算机连接成分布式计算系统，把任务分配给网络上的计算机，以达到均衡负载的目的，如图1-5所示。网络控制中心负责监测网络负载，当某一台计算机负载过重时，系统将会把数据流量自动转移到负载较轻的计算机上。

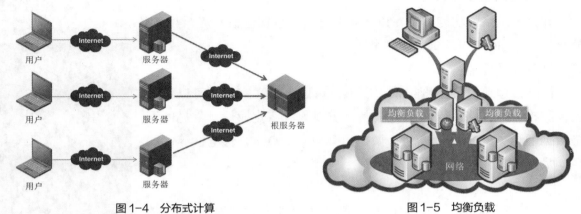

图1-4　分布式计算　　　　　　　　　　　　　图1-5　均衡负载

1.1.2　观察网络场景

最简单的网络是两台计算机互连形成的双机互连网络，如图1-6所示。这种网络通常出现在家庭环境中，两台计算机能够共享资源，进行娱乐和工作等。

随着Wi-Fi技术的发展，无线局域网（Wireless Local Area Network，WLAN）出现了。把家庭中的移动智能终端连接在一起，构建出的无线局域网就是家庭无线局域网，如图1-7所示。

我们身边的网络

图1-6　双机互连网络　　　　　　　　　图1-7　家庭无线局域网

用户可以通过一台网络互连设备把多台计算机连接起来，组建数字化办公网络，实现资源共享（如共享打印机）和协同工作，如图1-8所示。

在图1-9所示的校园网中，通过多台交换机将校园内成百上千台计算机连到校园网的网络中心，组成互联互通的校园网，共享校园网中的信息资源，通过网络中心访问Internet。

图1-8 工作环境中的办公网

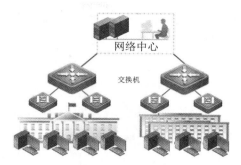

图1-9 校园网

Internet 是世界上最大的互联网，它对人类社会的发展产生了深远的影响。图 1-10 所示为 Internet 云图。

此外，智能手机的出现，推动了人类社会进入移动互联网新时代的进程，如图 1-11 所示。

图1-10 Internet 云图

图1-11 移动互联网

移动互联网是融合了移动通信技术和 Internet 技术的网络，它具有随时、随地、随身的特点。

1.1.3 了解网络的分类

网络分类的方法有很多，从不同角度对网络进行分类，可以得到不同的分类结果。

计算机网络
分类

1. 按照网络的覆盖范围分类

按照网络的覆盖范围可将网络分为局域网、城域网和广域网。

（1）局域网

局域网（Local Area Network，LAN）是覆盖范围在几米到数千米的网络。它将覆盖区域内的各种智能终端连接起来，构成网络系统，图 1-12 所示为局域网场景。局域网覆盖的范围有限，通

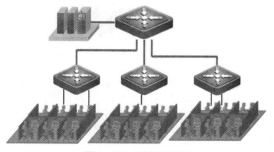

图1-12 局域网场景

常包括一个企业或一个组织单位，这种网络能够实现组织内部的资源共享和数据通信。

局域网具有覆盖范围小、网络拓扑结构多为星形或树形、传输速率较高、可实现低延迟和低误码率等特点。

（2）城域网

与局域网相比，城域网（Metropolitan Area Network，MAN）覆盖的范围更广（几十千米到上百千米），这种网络能够覆盖一个地区或一个城市。城域网借助专用的设备实现网络中的资源共享，是中型网络，其使用的通信技术与局域网相似。图1-13所示为城域网场景。

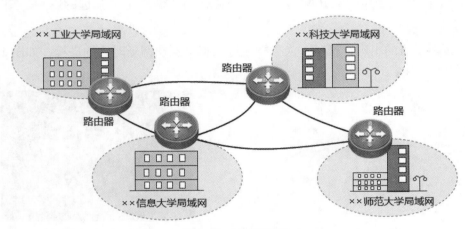

图1-13　城域网场景

（3）广域网

广域网（Wide Area Network，WAN）也称远程网，是跨地区的数据通信网络，它可以分布在一个城市、一个国家，甚至可以跨越几个国家。广域网具有传输速率低、网络结构复杂、使用开放接口与规范化协议、依托运营商网络传输信息、由运营商提供通信服务与网络管理等特点。

广域网依靠运营商提供的通信平台实现远程通信，如图1-14所示。

图1-14　广域网跨城市连接场景

广域网是大型网络，能够实现远程通信和资源共享。Internet是目前世界上最大的广域网。广域网的结构复杂，一般由通信子网和资源子网组成，如图1-15所示。

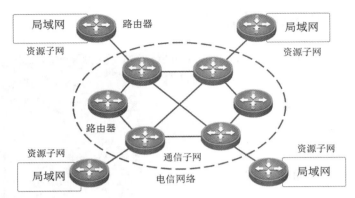

图 1-15　广域网的结构

2. 按照网络拓扑结构分类

如果把网络中的每一台设备都看作一个节点，把每一条通信线路都看作一根连接线，那么网络中各个节点相互连接就形成了网络拓扑结构。网络拓扑结构有总线型、环形、星形、树形和网状等，如图 1-16 所示。

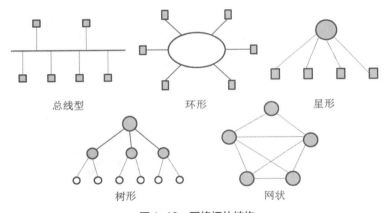

图 1-16　网络拓扑结构

常见网络拓扑结构的详细介绍见单元 2。

3. 按照网络功能分类

按照网络功能可将网络分为通信子网和资源子网，如图 1-17 所示。

其中，通信子网由通信线路、网络通信设备（如路由器）等组成；资源子网由主机、服务器（含软件资源）等组成。

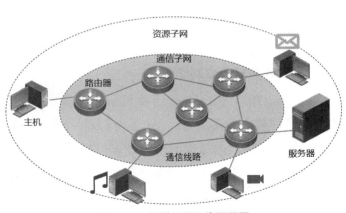

图 1-17　通信子网和资源子网

1.1.4　了解计算机网络发展简史

1946 年，由宾夕法尼亚大学的莫奇利和埃克特领导的研究小组研制出世界上第一台通用计算机，其名字为埃尼阿克（Electronic Numerical Integrator And Computer，ENIAC），即电子数字积分计算机，如图 1-18 所示。

第一代计算机网络是面向终端的计算机通信网络，严格来说不能算作现代意义上的计算机网络。第一代计算机网络的建立并不是为了资源共享，而是为了进行远程通信。

随着经济的蓬勃发展，很多商业活动需要共享硬件、共享资源、实现通信等，计算机网络进入了新的发展阶段。

图 1-18　埃尼阿克

1. 简单连接网络阶段

20 世纪 60 年代，出现了面向终端的简单连接网络。大型机是网络控制中心，终端（键盘和显示器）分布在各处，它们通过线缆与大型机相连，如图 1-19 所示。用户可通过本地终端使用大型机上的应用程序，实现远程打印等功能。

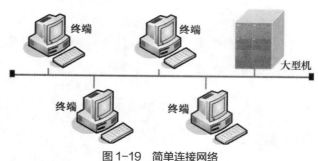

计算机网络发展历史

图 1-19　简单连接网络

2. 多计算机互联网络阶段

20 世纪 70 年代，随着计算机价格下降，出现了多计算机互联网络。图 1-20 所示为多计算机互联网络，网络中的每台计算机都可以访问网络中的资源，实现资源共享。同时，计算机通过和外部网络连接，能够实现和其他远程网络的通信，共享远程网络资源。

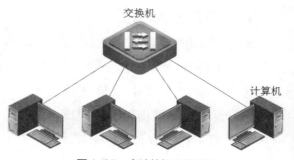

图 1-20　多计算机互联网络

3. 开放互联网络阶段

20 世纪 70 年代后期，人们意识到网络体系结构与网络协议的多样化对网络的发展会产生限制。1977 年，国际标准化组织（International Organization for Standardization，ISO）制定并颁布了开放系统互连参考模型（Open System Interconnection Reference Model，OSI/RM）标准。

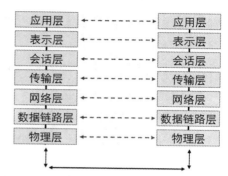

OSI/RM 标准使不同厂家的计算机之间能够互联，从而实现不同类型网络之间的互联互通，如图 1-21 所示，由此开创了一个具有统一的网络体系架构、遵循国际标准的网络时代。

图 1-21 OSI/RM 标准实现不同类型网络之间的互联互通

4. 宽带综合业务数字网阶段

20 世纪 90 年代以来，随着美国"信息高速公路"计划的执行，全球网络进入宽带综合业务数字网（Broadband Integrated Service Digital Network，BISDN）阶段。在这一阶段，宽带网络技术成为主流，它注重网络通信质量和网络带宽，注重交互；Internet 技术成为连接全球智能终端的网络系统，得到了普及和推广，图 1-22 所示为 Internet 模型。

如今网络已成为人们生活中的重要工具，IP 电话、即时通信、电子邮箱等成为人们每天都可能使用的工具。在线学习、网上购物、网络电视、证券交易、虚拟现实及电子商务等丰富多彩的网络应用开启了"互联网＋"时代，如图 1-23 所示。

"互联网＋"依托互联网信息技术，充分发挥互联网的优势，将互联网与传统产业深度融合，以实现产业升级、提高生产力。

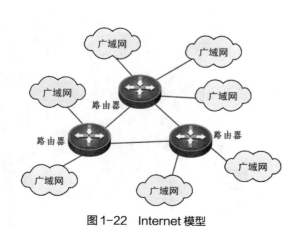

图 1-22 Internet 模型

图 1-23 "互联网＋"时代

1.1.5　了解计算机网络系统的组成

完整的计算机网络系统由硬件系统和软件系统两部分组成。其中，硬件系统是指各种智能终端、传输介质和网络互联设备，软件系统是指操作系统、通信协议和各种应用软件。

网络系统的组成

硬件系统是计算机网络系统的物质基础。不同厂商的设备在硬件方面有些差别，需要通过软件系统实现互联互通。图 1-24 所示是 Windows Server 2019 操作系统。

常见的硬件包括服务器、工作站、网卡（Network Interface Card，NIC）、集线器（Hub）、中继器（Repeater）、交换机（Switch）、路由器（Router）、无线接入点（Wireless Access Points，WAP）、防火墙（Firewall）、调制解调器（Modem）和传输介质等。图 1-25 所示为交换机。

图 1-24　Windows Server 2019 操作系统

图 1-25　交换机

1.1.6　认识物联网

物联网（Internet of Things，IoT）即"万物相连的互联网"。物联网是互联网技术的进一步延伸，是将计算机网络扩展到万物的网络，更是新一代信息技术的重要组成部分，意为物物相连、万物互联。

什么是物联网

物联网将各种信息传感设备与互联网结合，形成一个万物相连的网络，在任何时间、任何地点，实现任何人、机、物的互联互通，图 1-26 所示为物联网场景。

物联网是继计算机、互联网之后，世界信息产业发展的第三次浪潮。

物联网在实现万物互联的过程中应用了智能感知技术、传感技术与计算机通信技术。图 1-27 所示为物联网中传感技术的应用示例。

图 1-26　物联网场景

物联网的核心技术是互联网技术。物联网是在互联网基础上延伸和扩展出来的网络，它通过各种信息传感系统（如传感器、射频识别系统、红外感应器、激光扫描器等）、条形码与二维码、全球定位系统等，将物与物、人与物、人与人连接起来，例如，图1-28所示为智能家居场景。

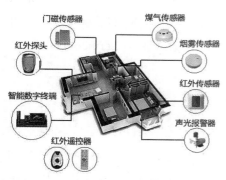

图1-27 物联网中传感技术的应用示例

图1-28 智能家居场景

1.1.7 了解移动通信网络

1. 什么是移动通信网络

移动通信网络是指使用移动智能终端（如手机、平板电脑等便携式电子设备）连接到公共的网络，实现互联网接入访问的网络。移动通信网络基于电信网络系统，在两个或多个规定基站之间提供网络连接，实现网络通信。自20世纪90年代以来，移动通信技术的发展可分为多个阶段，这些阶段分别简称为1G、2G、3G、4G和5G，移动通信技术的发展历史如图1-29所示。

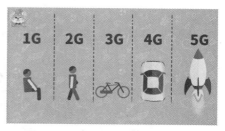

图1-29 移动通信技术的发展历史

2. 1G

第一代移动通信技术（1st Generation Mobile Communication Technology），简称1G。图1-30所示为第一代移动通信电话。采用1G标准的典型代表有美国的高级移动电话系统（Advanced Mobile Phone System，AMPS）、北欧移动电话（Nordic Mobile Telephone，NMT）、日本电报电话公司（Nippon Telegraph and Telephone，NTT）等。

图1-30 第一代移动通信电话

1G采用频分多址的模拟调制方式，该方式的主要弊端有频谱利用率低、业务种类有限、无高速数据业务、保密性差、易被窃听，以及设备成本高、体积大、重量大等。

3. 2G

第二代移动通信技术（2rd Generation Mobile Communication Technolgy），简称 2G。它可以提供语音服务及低速率数据服务，如全球移动通信系统（Global System for Mobile Communications，GSM）。2G 以传输语音和低速率数据业务为主。为解决传输问题，出现了第 2.5 代移动通信技术，如通用分组无线业务（General Packet Radio Service，GPRS）和码分多址（Code Division Multiple Access，CDMA）技术。

4. 3G

第三代移动通信技术（3rd Generation Mobile Communication Technology），简称 3G，它可提供多种类型、高质量的多媒体业务，能实现全球无缝覆盖，具有全球漫游能力。3G 的标准有 3 种：CDMA2000、W-CDMA 和 TD-SCDMA。其中，TD-SCDMA 是以我国自主知识产权为主的国际移动通信标准。

5. 4G

第四代移动通信技术（4th Generation Mobile Communication Technology），简称 4G，它集 3G 与 WLAN 为一体，可以在一定程度上实现数据、音频、视频的快速传输。其优势包括数据传输速率高，能够达到 100Mbit/s；具有较强的抗干扰能力，可以进行多种增值服务；信号覆盖能力强。

4G 时代的核心技术是正交频分复用（Orthogonal Frequency Division Multiplexing，OFDM）技术，其传输速率是 CDMA 的 10 倍。OFDM 技术有两种：一种是时分双工（Time-Division Duplex，TDD），另一种是频分双工（Frequency-Division Duplex，FDD）。欧洲采用 FDD，我国主攻 TDD，且研发出了 TD-LTE 技术。这是第一个由我国主导的、具有全球竞争力的 4G 技术，如图 1-31 所示。

图 1-31　我国主导的 4G 技术

6. 5G

第五代移动通信技术（5th Generation Mobile Communication Technology），简称 5G，是新一代蜂窝移动通信技术，5G 的优势在于数据传输速率最高可达 10Gbit/s，比 4G 快 100 倍。

5G 还具有网络延迟低、响应速度快的优点，其响应时间低于 1ms，远小于 4G 的响应时间（30ms ～ 70ms）。由于数据传输速度快，5G 不仅可以为手机提供服务，还能为家庭和办公网提供服务，可以与有线网络竞争，实现无人驾驶，加快物联网时代的到来，图 1-32 所示为 5G 无人驾驶技术的构想。

图1-32　5G无人驾驶技术的构想

任务 1.2　熟练使用互联网

任务描述

目前，我国已经步入了移动互联网时代，建立了以智能手机为中心的生活。移动互联网是互联网技术广泛应用的一个典型代表，特别是在学习、办公、工业生产及科研等方面。小明在听老师讲解了互联网的广泛应用后，想了解更多的互联网技术，适应互联网时代的生活。

任务分析

随着信息技术的发展，互联网成为人类生活中不可或缺的一部分，人们使用微信、QQ、电子邮件进行沟通，使用淘宝购物，使用支付宝付款。本任务通过介绍互联网的主要应用，帮助读者熟练地使用互联网。

技术介绍

1.2.1　了解互联网

1. 什么是互联网

互联网（Internet）又称网际网络，它把全世界的计算机网络互相连接在一起，实现网络与网络之间的互联，组成全球性互联网络。互联网使用的协议是传输控制协议 / 互联网协议（Transmission Control Protocol/Internet Protocol，TCP/IP）。

2. 互联网的发展历史

1969 年，美国国防部高级研究计划署（Advanced Research Projects Agency，ARPA）资助建立了世界上第一个分组交换试验网 ARPAnet。ARPAnet 将美国西南部的几所大学［加利福尼亚大学洛杉矶分校（UCLA）、斯坦福国际研究院（SRI）、加利福尼亚大学圣巴巴拉分校（UCSB）和犹他大学（U of U）］的 4 台大型计算机连接在一起，如图 1-33 所示。

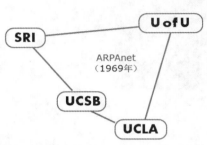

图 1-33　ARPAnet 连接 4 个中心节点

20 世纪 70 年代，TCP/IP 开发成功，ARPAnet 使用 TCP/IP 并机运行。

20 世纪 80 年代，ARPAnet 进入实用阶段，开始作为教学、研究和通信的学术网络。

1985 年，基于 ARPAnet 的军事部分脱离母网，成为独立的 MILnet。ARPAnet 的另一部分骨干网络由美国国家科学基金会（National Science Foundation，NSF）接管，改为 NSFnet，向全社会开放，逐渐成为美国"信息高速公路"中的骨干网络。

20 世纪 90 年代初，西方经济共同体以美国"信息高速公路"的骨干网络为核心，组建了西方经济共同体国家之间的互联网。1996 年，该网络正式使用 Internet 这个名称。

如今，Internet 已经深入人类生活的各个方面，例如，线上办公、线上教学、线上会议，以及移动支付等，Internet 成了人类与世界沟通的一个重要窗口。

3. Internet 在我国的发展

虽然我国的 Internet 起步较晚，但是我国自 1994 年接入 Internet 后，随着经济发展，目前已成为全球最大的互联网应用市场之一。

目前，我国已接入 Internet 的 4 个主干网络是：中国科技网、中国教育和科研计算机网、中国公用计算机互联网，以及中国公用经济信息通信网。它们在我国的 Internet 接入历史上扮演着不同的角色，在我国经济、文化、教育和科学的发展及走向世界事业中发挥着重要作用。

1.2.2　认识万维网

万维网（World Wide Web，WWW）是 Internet 中最重要的应用之一。万维网以超文本、超链接技术为基础，构建了环球信息网，通过浏览器获取 Internet 上的信息。

万维网最初由欧洲粒子物理研究所（European Organization for Nuclear Research，CERN）

研制，它将 Internet 中不同组织网站提供的网页有机地编织在一起。由于万维网通过浏览器进行访问，因此具有界面友好、方便使用的特点，逐渐成为 Internet 上最受欢迎的获取信息的方式。图 1-34 所示为万维网访问原理。

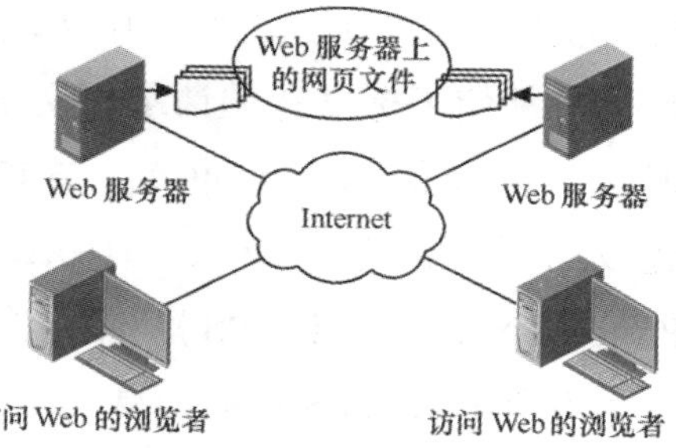

万维网主要包括以下几项元素。

图 1-34　万维网访问原理

1. 网页

网页（Web Page）是万维网的资源载体。万维网通过超文本传送协议，以网页的形式向用户提供信息，网页中包含文字、图形、图像、声音、动画等多媒体信息。

2. 主页

每个万维网中的网站至少有一台 Web 服务器，该服务器中的第一个页面叫作主页（Home Page）。图 1-35 所示为清华大学官网主页。单击主页上的超链接，可以跳转到与主页链接的各个页面。用户可以从主页开始浏览，获取 Web 服务器提供的信息。

图 1-35　清华大学官网主页

WWW是什么

3. 超链接

超链接是内嵌在网页中的一部分信息，可以从一个网页指向另一个网页，实现网页与网页之间的链接。超链接可以使多个网页构成一个网站，如图 1-36 所示。

4. 超文本传送协议

超文本传送协议（Hypertext Transfer

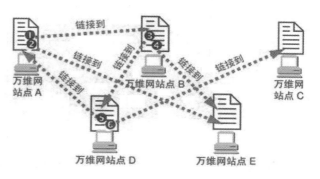

图 1-36　网页中的超链接

Protocol，HTTP）是万维网中传输信息时使用的传输规则。HTTP 可以保证万维网中的每一台主机都使用标准化的请求报文格式和响应报文格式来传输信息，它与万维网中 Web 服务器之间的通信不产生冲突。与 HTTP 相比，超文本传输安全协议（Hypertext Transfer Protocol Secure，HTTPS）更安全，图 1-37 所示为使用 HTTPS 传输信息。

图 1-37　使用 HTTPS 传输信息

5. 统一资源定位符

在浏览器中访问万维网时，使用统一资源定位符（Uniform Resource Locator，URL）来确定 Internet 中某一资源的地址。URL 包括协议名和资源名。其中，资源名由主机名、文件路径等几部分组成。图 1-38 所示为 URL 的样式。

图 1-38　URL 的样式

其中，"https://"之后的内容为资源名，可以用于指定资源所处的网络位置，包含路径和文件名等。

1.2.3　掌握 Internet 的主要应用

在现实生活中，Internet 具有多种应用，主要表现在以下几个方面。

1. 电子邮件

电子邮件（E-mail）是 Internet 中最广泛的应用之一。电子邮件中的内容可以是文字、图像和声音等多媒体信息。使用电子邮件的前提是注册一个电子邮箱，即 E-mail 地址，其基本格式为：用户名 @ 邮件服务器地址。图 1-39 所示为 QQ 邮箱的首页。

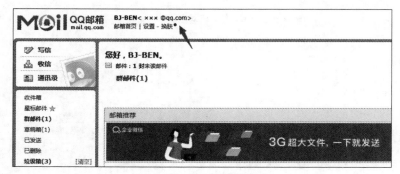

电子邮件是什么

图 1-39　QQ 邮箱的首页

在电子邮件系统中，电子邮件服务提供商（如腾讯）在 Internet 上架设邮件服务器，为用户分配电子邮件存储区域，如图 1-40 所示。

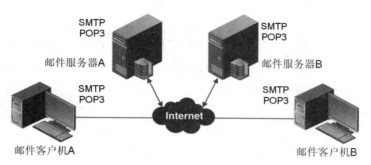

图 1-40 电子邮件系统

2. 文件传输

文件传送协议（File Transfer Protocol，FTP）是利用 Internet 进行文件传输的一套标准协议。

对于在 Internet 上发布的软件、学术论文、技术资料等各种共享资源，通过 FTP 下载到本地会更加方便快捷，如图 1-41 所示。FTP 解决了通过 Internet 传输大容量文件的问题。

把服务器中的文件通过 Internet 复制到本地计算机中的操作称为"下载"，把本地计算机中的文件通过 Internet 传送到服务器中的操作称为"上传"。

其中，匿名 FTP 是 Internet 上最重要的服务之一，用户登录时不需要输入用户名和密码，就能够快捷地获取网上资源。许多提供匿名 FTP 服务的服务器上都有大量的免费软件资源，供用户下载并使用。

3. 公告板系统

公告板系统（Bulletin Board System，BBS）是 Internet 上的一种电子信息服务系统，它提供了一块公共讨论空间，兴趣相同的人可在该空间中发布信息，讨论问题，BBS 也称为"论坛"或"社区"。图 1-42 所示为人民网主办的"强国论坛"，该论坛由专门的论坛组织负责管理和维护，提供信息浏览和网友发帖服务。

图 1-41 通过 FTP 下载资源

图 1-42 强国论坛

4．即时通信

即时通信（Instant Messaging，IM）是指通过实时性和丰富化的即时沟通功能实现信息传递与交流的一种线上即时聊天工具。服务商在网络上搭建服务器，可以提供即时通信服务。目前，国内最受欢迎的即时通信软件有 QQ、微信等，图 1-43 所示为 QQ 和微信的登录界面。

5．电子商务

电子商务（Electronic Commerce，EC）是指以互联网为媒介开展的交易和服务活动。网上购物、网上交易和在线电子支付等都属于电子商务。人们可以利用 Internet 进行购物，使用银行卡、支付宝、微信来付款，电子商务正在改变传统的商业模式。图 1-44 所示为某电子商务交易平台。

图 1-43 QQ 和微信的登录界面   图 1-44 某电子商务交易平台

6．社交平台

微博是基于用户关系的信息分享、传播与获取平台。其特点是信息传播速度快，可实现即时分享，注重时效性；发布内容较短；不仅可以发布文字，还可以发布图片、视频等多媒体信息。在微博中，每个用户既可以作为观众，浏览信息，也可以作为自媒体作者，发布内容供其他人浏览。图 1-45 所示为新浪微博登录界面。

图 1-45 新浪微博登录界面

7．搜索引擎

搜索引擎是一种帮助用户在 Internet 上查询信息的系统。搜索引擎是 Internet 上最热门的应用之一，用户可以非常便捷地利用搜索引擎在 Internet 上查询信息。

搜索引擎服务商周期性地在 Internet 上收集信息，并将其分类存储，建立一个不断更新的网络信息资源数据库。用户搜索信息实际上就是在这个数据库中查找信息。

常见的搜索引擎有百度、Microsoft Bing、360 等，图 1-46 所示为 Microsoft Bing 搜索引擎。

图 1-46　Microsoft Bing 搜索引擎

1.2.4　任务实施：使用互联网搜索信息

任务描述

小明了解了 Internet 的应用后，想访问更多的网站，通过搜索的方式查找更多的信息。

实施过程

从 Internet 的大量信息中迅速、准确地找到需要的信息是一项重要的技能。下面介绍两种在 Internet 上快速搜索信息的方法。

1．使用 Edge 浏览器搜索信息

微软最新版本的操作系统的默认浏览器为 Edge 浏览器，提供信息默认搜索功能。其他浏览器也都提供类似的功能。其中，使用 Edge 浏览器搜索信息的方法如下。

启动 Edge 浏览器后，在地址栏中输入关键词，如"人民邮电出版社"，如图 1-47 所示，按【Enter】键，该浏览器就会列出与关键词相关的网站列表。

图 1-47　在地址栏中输入关键词

2. 使用搜索引擎搜索信息

使用如下两种方式，可以在 Internet 上快速地搜索、查询信息。

（1）分类搜索

打开百度搜索引擎界面，如图 1-48 所示。用户可按照搜索引擎提供的分类，完成信息搜索。

图 1-48　百度搜索引擎界面

用户找到分类后，按树形方式分类、逐层搜索信息，类似在图书馆中找书。这种搜索方式适用于搜索学术主题的相关信息，图 1-49 所示为选择【学术】分类搜索论文。

图 1-49　选择【学术】分类搜索论文

（2）通过关键词搜索

用户可以通过直接输入关键词搜索信息，这是比较常用的搜索方法。例如，打开百度搜索引擎，在搜索框中输入关键词"什么是搜索引擎"，搜索与关键词相关的信息，如图 1-50 所示。

图 1-50　打开百度搜索引擎并输入关键词

注意事项： 搜索关键词时，可以直接输入要搜索的关键词，也可以使用 "and" "or" "not" 等逻辑运算符进行匹配，还可以使用通配符 "*" 或 "？" 进行模糊搜索。例如，输入 "计算机 and 论文"，即搜索包含 "计算机" 和 "论文" 的信息；输入 "显示器 *"，即搜索包含 "显示器" 的信息。

科技之光

迎接华为 5G 时代

5G 具有高速率、低时延和大连接的特点，是实现人、机、物互连的网络基础。5G 可以为移动互联网用户提供更加极致的应用体验。5G 将影响全世界的社会和经济发展。

目前，可供选择的 5G 技术有 3 种：美国高通主推的 LDPC 技术、我国华为主推的 Polar 技术、欧洲企业主推的 Turbo 技术。我国华为的 5G 网络在全球 5G 领域，无论是核心技术，还是整体市场的营收能力，都处于不可忽视的地位。

华为作为一家通信厂商，拥有全球最多的 5G 专利，远超爱立信、诺基亚、高通等国外通信厂商，具备世界领先水平。华为已经建成了全球规模最大的 5G 网络之一，让国人率先用上了更加畅通的 5G 网络。图 1-51 所示为华为 5G 麒麟芯片。

图 1-51　华为 5G 麒麟芯片

认证试题

下面每一题的多个选项中，只有一个选项是正确的，将其填写在括号中。

1. 按网络的覆盖范围，可将网络分为（　　　）。
   A. 局域网、城域网和广域网　　　　　　B. 局域网、以太网和广域网
   C. 电缆网、城域网和广域网　　　　　　D. 中继网、局域网和广域网

2. 对局域网来说，网络控制的核心是（　　　）。
   A. 工作站　　　　　B. 网卡　　　　　C. 服务器　　　　　D. 网络互连设备

3. 计算机网络的目标是实现（　　　）。
   A. 数据处理　　　　　　　　　　　　　B. 信息传输与数据处理
   C. 文献查询　　　　　　　　　　　　　D. 资源共享与信息传输

4. Internet 中计算机的名字由许多域构成，域间用（　　　）分隔。
   A. 小圆点　　　　　B. 逗号　　　　　C. 分号　　　　　D. 冒号

5. 计算机局域网中通常不需要的设备是（　　　）。
   A. 网卡　　　　　B. 服务器　　　　　C. 传输介质　　　　　D. 调制解调器

6. 下面不属于电子邮件协议的是（　　　）。
   A. Telnet　　　　　B. SMTP　　　　　C. POP3　　　　　D. MIME

7. 在 Internet 上浏览网页时，浏览器和 WWW 服务器之间传输网页使用的协议是（　　　）。
   A. IP　　　　　B. HTTP　　　　　C. FTP　　　　　D. Telnet

8. 电子邮箱地址 ×××123@163.com 所在的邮件服务器是（　　　）。
   A. ×××123　　　　　B. 163　　　　　C. com　　　　　D. 163.com

9. 下列关于电子邮件的说法中错误的是（　　　）。
   A. 电子邮件可以进行转发　　　　　　　B. 电子邮件可以发送给多个电子邮箱
   C. 电子邮件能通过 Web 方式接收　　　　D. 不能给自己的电子邮箱发送电子邮件

10. 把文件从远程计算机复制到本地计算机中的操作称为（　　　）。
    A. 上传　　　　　B. 下载　　　　　C. 远程登录　　　　　D. 网络连接

11. BBS 的中文含义是（　　　）。
    A. 公告板系统　　　　B. 网络新闻组　　　　C. 网络闲谈　　　　D. 网络传呼

12. 在 Internet 中，任意两台计算机之间传输文件使用的协议是（　　　）。
    A. WWW　　　　　B. FTP　　　　　C. Telnet　　　　　D. SMTP

13. 下列属于电子邮箱地址的是（　　　）。
    A. WWW.263.NET.CN　　　　　　　　　B. CSSC@263.NET

C．192.168.0.100　　　　　　　　D．http://www.sohu.com

14．HTTP 是（　　　）。

　　A．统一资源定位符　　　　　　B．远程登录协议

　　C．文件传送协议　　　　　　　D．超文本传送协议

15．关于 Internet，比较确切的一种含义是（　　　）。

　　A．一种计算机的品牌　　　　　B．网络中的网络

　　C．一个网络的域名　　　　　　D．万维网

16．万维网的网址以"http"为前导，表示遵从（　　　）。

　　A．纯文本协议　　　　B．超文本传送协议　　C．TCP/IP　　　　D．POP

17．电子邮箱地址的格式是（　　　）。

　　A．用户名 @ 邮件服务器地址　　B．主机名 @ 用户名

　　C．用户名 . 主机域名　　　　　D．主机域名 . 用户名

18．大量服务器集合的全球万维网的简称为（　　　）。

　　A．Bwe　　　　　　B．Wbe　　　　　C．Web　　　　　D．Bew

19．Internet 与 WWW 的关系是（　　　）。

　　A．二者都表示互联网，只不过名称不同　　B．WWW 是 Internet 上的一个应用功能

　　C．Internet 与 WWW 没有关系　　　　　D．WWW 是 Internet 上的一种协议

20．URL 是指（　　　）。

　　A．定位主机的地址　　　　　　B．定位资源的地址

　　C．域名与 IP 地址的转换　　　　D．电子邮箱的地址

单元2
认识身边的局域网

技术背景

　　小明体验到了互联网带来的便利：老师使用多媒体设备教学，学习资源放在网上共享，作业通过电子邮件提交，在家中参加线上课堂，通知公布在网上，班级活动发布在 QQ 群、微信群中……

　　本单元可以帮助学生认识局域网，了解局域网的组成要素。

技术导读

学习任务	能力要求	技术要求
任务 2.1　认识局域网	能够识别局域网场景	了解局域网的基础知识，了解局域网的工作模式
任务 2.2　了解局域网的组成要素	能够理解影响局域网传输性能的因素	了解局域网的组成要素，能够区分局域网中的不同传输介质并掌握其特征

任务 2.1　认识局域网

任务描述

为了学习，小明和他同宿舍的同学都购买了计算机，他们把宿舍中的几台计算机连接起来组成了宿舍网，在该网络中可以共享学习资料。使用集线器组建宿舍网非常方便。

任务分析

网络按照覆盖范围可分为局域网、城域网和广域网。在生活中，局域网是应用最广泛的网络。

技术介绍

2.1.1　了解局域网

局域网可以表现为多种形式，如家庭网、宿舍网、企业网、图书馆网、校园网和园区网等。

1. 什么是局域网

局域网是指在一个局部的地理范围内采用有线和（或）无线的方式，将各种计算机、外部设备和数据库等互相连接起来而组成的计算机通信网。局域网覆盖的范围一般是几米到几千米，它可以出现在一间办公室、一个家庭住宅，甚至一个校园、一座大楼中。

最简单的局域网可以仅由两台计算机组成，而复杂的局域网可以由上万台计算机组成。组建完成的局域网能够实现网络内部所有设备的通信和资源共享（如软件共享、打印机共享等），实现统一文件管理等。图 2-1 所示为局域网场景——办公网。

局域网是什么

图 2-1　局域网场景——办公网

2.局域网的特点

局域网通常为一个组织内部私有，该组织除了需要承担局域网的规划、设计和组建工作，还需要承担局域网的日常维护和管理工作。图 2-2 所示为某大学的校园网。

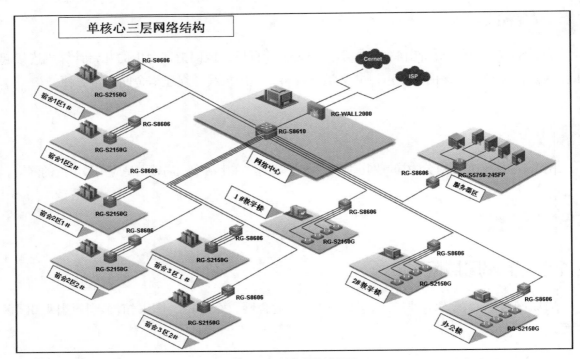

图 2-2　某大学的校园网

局域网通常具有以下特点。

（1）覆盖的地理范围小，在一个相对独立的空间内。

（2）具有 10Mbit/s、100Mbit/s、1Gbit/s、10Gbit/s、100Gbit/s 等多种传输速率。

（3）在实现网络通信的过程中，误码率低，可提供优质的数据传输环境。

（4）在实现网络通信的过程中，延迟时间短，网络传输的可靠性高。

（5）具有对不同传输速率的适应能力，低速设备、高速设备均能接入。

（6）具有良好的兼容性和互操作性，不同厂商生产的设备均能接入，可实现互联互通。

（7）支持多种类型的传输介质，如同轴电缆、双绞线、光纤和无线传输介质等。

2.1.2　熟悉局域网场景

1. 家庭无线局域网

把家中的计算机和智能终端，通过无线路由器接入互联网，就能组建家庭无线局域网，实现随时、随地接入网络。图 2-3 所示为家庭无线局域网场景。

2. 企业办公网

在企业内部建立高效的局域网，即企业办公网，可实现共享企业办公网中的资源，为员工提供准确、可靠的数据和信息服务，提升员工的工作效率。图 2-4 所示为企业办公网场景。

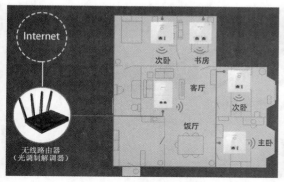

图 2-3　家庭无线局域网场景

图 2-4　企业办公网场景

在企业办公网中搭建内网服务器，把网络中的计算机连接到内网服务器上，就可以统一管理这些计算机，共享文件数据，提高办公效率。图 2-5 所示为安装在企业办公网中的服务器。

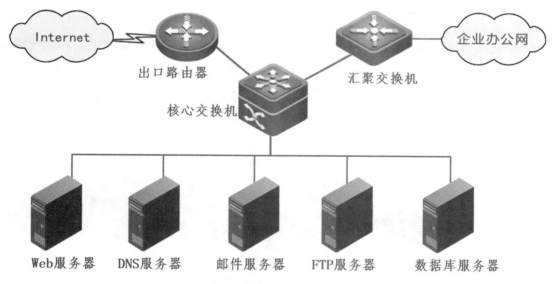

图 2-5　安装在企业办公网中的服务器

3. 校园网

校园网能够为学校师生提供包含教学、科研在内的综合化信息服务，为学校的日常教学、科研等工作提供信息化服务环境，图 2-6 所示为校园网场景。

广泛应用的多媒体教学平台、多媒体演示教室、教师备课系统、电子阅览室等，都体现出校园网是一个带宽高、具有交互功能、专业性强的局域网。

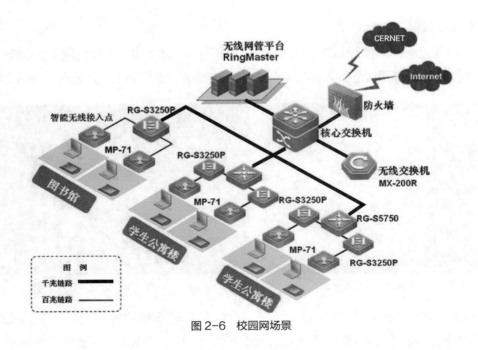

图 2-6　校园网场景

2.1.3　了解城域网

城域网是局域网的一种特殊类型，是覆盖范围更大的局域网。城域网采用和局域网一样的传输机制，同样也遵守局域网通信标准（IEEE 802 系列标准）。

城域网是局域网的延伸，其覆盖范围为几十千米到上百千米，使用场景通常为一座城市，图 2-7 所示为城域网场景。光纤技术的大规模应用，使得在城域网中实现高速传输成为可能。

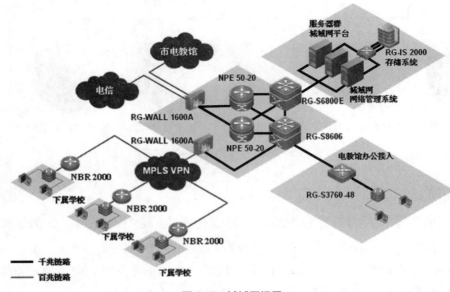

图 2-7　城域网场景

局域网覆盖局部区域，城域网覆盖整座城市，广域网实现远距离数据传输。局域网与城域网和广域网的区别如表 2-1 所示。

表 2-1　局域网与城域网和广域网的区别

特点	局域网	城域网	广域网
覆盖范围	组织内部	一座城市内	国内、国际
所有者和运营者	单位所有和运营	几个单位共有或公用，多位运营商帮助运营	国内为国家所有，网络运营商管理和运营 国际由各个国际运营商经营
互连和通信方式	共享介质，分组广播	共享介质，分组广播	共享介质，分组广播
拓扑结构	规则的拓扑结构	规则的拓扑结构	不规则的网状结构
主要应用	办公自动化，资源共享	视频业务和数据业务	远程数据传输

2.1.4　了解局域网的工作模式

局域网的工作模式可分为客户机/服务器模式和对等网模式。在客户机/服务器模式中，客户机向网络中的服务器提出请求，服务器做出应答。在对等网模式中，计算机无主从之分，没有网络服务器。

1. 客户机/服务器模式

客户机/服务器（Client/Server）模式是局域网中计算机之间常见的工作模式。在该模式中，服务器是网络的控制中心，客户机提出服务请求，服务器向客户机提供应答服务。客户机可在本地处理信息，从服务器上下载信息，或者把共享信息上传到服务器上。图 2-8 所示为客户机/服务器模式。

图 2-8　客户机/服务器模式

2. 对等网模式

在小型局域网中安装服务器，会增加网络建设成本。对等网模式中没有服务器，其中的计算机之间都是平等关系，即每一台计算机既可以作为客户机，又可以作为服务器。

对等网模式中的每一台计算机都可以向网络中的其他计算机提供服务。对等网模式如图 2-9 所示。对等网也被称为工作组网，其中的计算机通常不超过 20 台。对等网模式是小型局域网常用的工作模式。

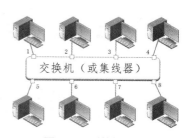

图 2-9　对等网模式

2.1.5　任务实施：组建双机互连对等网

　**任务描述**

小明把自己的计算机和同学的计算机连接起来组成宿舍对等网，如图 2-10 所示。

图 2-10　宿舍对等网

通过组建对等网，能把文件从一台计算机快速地传输到另一台计算机，避免使用 U 盘进行传输。这样既能减少麻烦，又能提升安全性。

　**实施过程**

（1）准备好网线，将网线分别插入两台计算机的网卡口。

（2）配置 IP 地址，使网络具有管理功能。

在图 2-10 的左边那台计算机中，使用鼠标右键单击【网络】图标，在弹出的快捷菜单中选择【属性】选项，如图 2-11 所示。

（3）打开图 2-12 所示的【网络和共享中心】窗口。

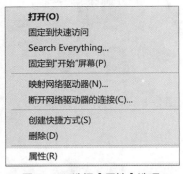

图 2-11　选择【属性】选项

图 2-12　【网络和共享中心】窗口

（4）单击【以太网 2】链接，打开图 2-13 所示的【以太网 2 状态】对话框。

单击【属性】按钮，在打开的对话框中勾选【Internet 协议版本 4(TCP/IPv4)】复选框，单击【属性】按钮，打开【Internet 协议版本 4(TCP/IPv4) 属性】对话框，为计算机设置 IP 地址，如图 2-14 所示。IP 地址的配置信息如表 2-2 所示。

以太网 2 状态	Internet 协议版本 4 (TCP/IPv4) 属性

图 2-13 【以太网 2 状态】对话框 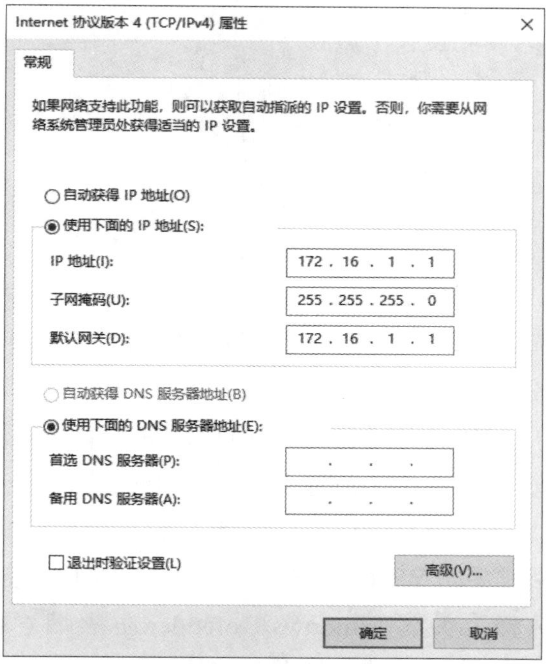   图 2-14 为计算机配置 IP 地址

按照同样的方式，为另一台计算机配置表 2-2 所示的 IP 地址。

表 2-2 IP 地址的配置信息

设备	IP 地址	子网掩码
计算机 1	172.16.1.1	255.255.255.0
计算机 2	172.16.1.2	255.255.255.0

（5）测试对等网的连通性。

ping 命令是网络测试中常用的命令，ping 命令的执行过程就是从一台计算机向另一台计算机发送几个数据包，如果对方收到并回送几个确认数据包，就表示网络之间是连通的。

按【Win+R】组合键，打开【运行】对话框，输入"CMD"，如图 2-15 所示。单击【确定】按钮，打开命令行窗口。

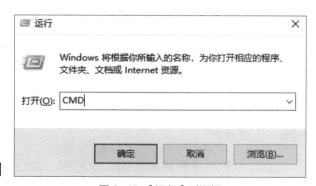

图 2-15 【运行】对话框

输入"ping 172.16.1.1"命令，按【Enter】键，测试网络的连通状态。如果结果如以下代码所示，则表示对等网正常连通。否则，表示网络不连通，需要检查网卡、网线和 IP 地址，排除网络故障。

```
C:\Users\Administrator>ping 172.16.1.1
正在 Ping 172.16.1.1 具有 32 字节的数据：
来自 172.16.1.1 的回复：字节 =32 时间 <1ms TTL=64
来自 172.16.1.1 的回复：字节 =32 时间 <1ms TTL=64
来自 172.16.1.1 的回复：字节 =32 时间 <1ms TTL=64
来自 172.16.1.1 的回复：字节 =32 时间 <1ms TTL=64
172.16.1.1 的 Ping 统计信息：
    数据包：已发送 = 4，已接收 = 4，丢失 = 0 (0% 丢失)，
往返行程的估计时间（以毫秒为单位）：
    最短 = 0ms，最长 = 0ms，平均 = 0ms
```

需要注意的是，在测试过程中要关掉系统防火墙，因为防火墙提供的防护功能会屏蔽测试命令。

打开计算机的控制面板，单击【系统和安全】→【检查防火墙状态】链接，打开【Windows Defender 防火墙】窗口。单击【启用或关闭 Windows Defender 防火墙】链接，选择【关闭 Windows Defender 防火墙（不推荐）】单选项，如图 2-16 所示。

此外，笔记本电脑的网卡具有自适应功能，使用普通网线（直连线）即可组建互连对等网，不需要使用交叉网线。

图 2-16　临时关闭 Windows Defender 防火墙

任务 2.2　了解局域网的组成要素

任务描述

小明同宿舍的几个同学把宿舍中的几台计算机连接起来组建了宿舍网，该宿舍网可以实现学习资料的快速传输。小明想知道：自己组建的宿舍网和学校的校园网有什么不一样。

任务分析

生活中常出现局域网，例如家庭网、办公网、校园网等。如果想知道它们的区别，就需要了解局域网的组成要素，掌握局域网的通信过程。

2.2.1　影响局域网传输性能的因素

早期的计算机也叫作个人计算机（Personal Computer，PC），它们独立工作，互不相连，也不连接网络。图2-17所示为早期的X86单机。后来，人们利用通信设备和线路将功能独立的计算机连接起来，实现具有信息传递功能的系统，形成计算机网络。

局域网的形态有很多，影响局域网传输性能的因素有3个：网络拓扑、介质访问控制方法、传输介质。这3个因素决定了局域网中传输数据的类型、网络的响应时间、数据的吞吐量、信道的利用率，以及各种网络应用的效率等。其中，网络拓扑对局域网传输性能的影响最大。

图2-17　早期的X86单机

2.2.2　了解网络拓扑

网络拓扑是指将局域网中的设备抽象成点，将通信线路抽象成线，通过点与线的几何关系来表示网络的布局。网络拓扑结构如图2-18所示。

在组建局域网的过程中，可以使用不同的网络拓扑结构、不同的传输规则、不同的链路层通信标准。网络拓扑结构大致可分为以下几种。

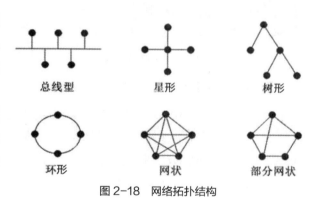

图2-18　网络拓扑结构

1. 总线型拓扑结构

总线型拓扑结构是早期的局域网组网方式，其通过同轴电缆连接所有设备，网络中的所有终端均连接到总线上。总线型拓扑结构如图2-19所示。

总线型拓扑结构的优点：容易安装，方便扩充

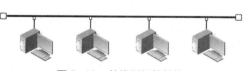

图2-19　总线型拓扑结构

和删除终端，单台终端的故障不会影响整个网络系统。总线型拓扑结构的缺点：由于该结构通过共享信道来通信，因此网络中连接的终端不宜过多，且总线自身的故障容易导致网络系统崩溃。

2. 星形拓扑结构

星形拓扑结构是早期总线型拓扑结构的优化形式，以一台中央通信设备为核心，终端与该中央通信设备直接连接，终端上的所有数据都通过中央通信设备转发。星形拓扑结构如图 2-20 所示。

使用星形拓扑结构的网络属于集中控制式网络，这种网络稳定性好，当一台终端发生故障时，不会影响网络中其他终端的正常运行，使得网络中故障的诊断和定位更简单。

图 2-20　星形拓扑结构

此外，星形拓扑结构易于实现故障隔离，当发现网络故障时，只需将网线从通信设备接口中拔出，再进行检查即可。星形拓扑结构还易于实现网络扩展，其采用级联的方式，可以成倍地增加接口，延伸和扩展网络的覆盖范围。因此，在后来的网络发展中，星形拓扑结构逐渐发展成主要的组网方式。

星形拓扑结构的缺点是过度依赖中央通信设备，一旦中央通信设备出现故障，整个网络将立即瘫痪。

在星形拓扑结构中，每一台终端都以中央通信设备为中心，通过网线与中央通信设备相连，星形拓扑结构组网场景如图 2-21 所示。

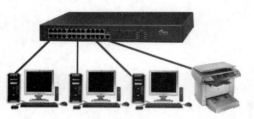

图 2-21　星形拓扑结构组网场景

3. 环形拓扑结构

环形拓扑结构也是早期局域网的组网方式，其使用同轴电缆从一台终端连接到另一台终端，直到将所有的设备串联成环。环形拓扑结构如图 2-22 所示。

环形拓扑结构可以有效消除终端对中央通信设备的依赖。环形网络拓扑结构使用令牌进行通信，实现轮流传输。当环形网络拓扑结构中连接的设备过多时，网络的传输速率会被影响，网络的响应时间会延长。并且，环形网络拓扑结构不便扩充网络，其扩展性差。

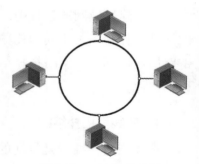

图 2-22　环形拓扑结构

环形拓扑结构的缺点：其使用的是串行连接方式，网络可靠性低。任意一台终端出现故障，都会造成全网故障。而且，如果出现故障，难以对故障进行定位。因此，环形拓扑结构在局域网组网方式的竞争中逐渐被弃用。

4. 网状拓扑结构

网状拓扑结构是星形拓扑结构的扩展，即组网时利用星形拓扑结构布局冗余设备和链路，提高网络的稳定性和可靠性。网状拓扑结构如图 2-23 所示，接入网络的设备可以根据当前网络中的通信流量，有选择地将数据发往组网设备，并利用不同的线路进行传输。

　　网状拓扑结构具有可靠性高、容错性强的优点。网状拓扑结构的缺点：组网成本高，因为增多的冗余设备和链路会增加组网费用，另外网状拓扑结构的实现过程也很复杂。

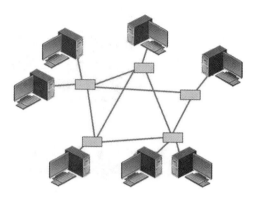

图 2-23　网状拓扑结构

5. 树形拓扑结构

　　树形拓扑结构也是星形拓扑结构的扩展。树形拓扑结构像一棵倒置的树，由根部向叶部延伸，一层一层地叠加，如图 2-24 所示。

　　与星形拓扑结构相比，树形拓扑结构易于扩大网络覆盖范围。但由于树形拓扑结构对根部设备的稳定性要求很高，根部设备的传输速率和稳定性的变化都会影响到整个网络，因此需要选择可靠性高、稳定性强的核心设备来组网。

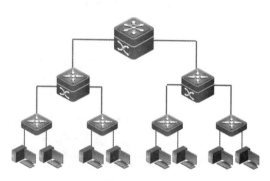

图 2-24　树形拓扑结构

2.2.3　了解介质访问控制方法

　　使用不同的网络拓扑结构组网，网络中的数据传输方法就不同。环形拓扑结构通过令牌控制信号依序传输，实现对传输介质的访问和控制，这是早期最重要、最先进的局域网传输方式。图 2-25 所示为通过令牌环网介质访问控制方法传输数据的过程。

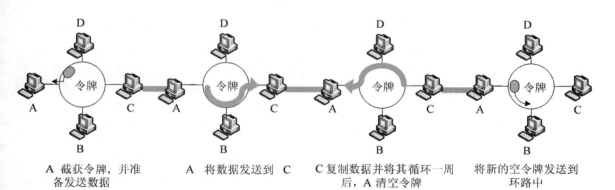

| A 截获令牌，并准备发送数据 | A 将数据发送到 C | C 复制数据并将其循环一周后，A 清空令牌 | 将新的空令牌发送到环路中 |

图 2-25　通过令牌环网介质访问控制方法传输数据的过程

随着时间推移，以太网技术成为局域网的主流技术，以太网中广泛使用的介质访问控制方法——带冲突检测的载波监听多路访问（Carrier Sense Multiple Access with Collision Detection，CSMA/CD）也成了局域网中最重要的传输技术。

1. 什么是 CSMA/CD

CSMA/CD 是目前局域网中计算机之间传输数据的通信方式。在局域网中，计算机之间通过 CSMA/CD，实现数据的高速传输。图 2-26 所示为通过 CSMA/CD 传输数据的过程。

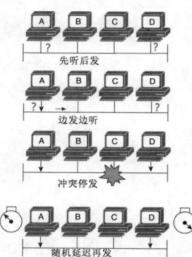

图 2-26　通过 CSMA/CD 传输数据的过程

在通过 CSMA/CD 传输数据的过程中，可以使用多路访问（广播）、载波监听、冲突检测、冲突避免等技术，实现数据传输。

（1）多路访问（Multiple Access）：网络中的所有计算机收发数据时，共享同一传输介质。所有计算机共享线路，竞争传输，广播式发送数据。

（2）载波监听（Carrier Sense）：网络中的所有计算机在发送数据前，需确认共享介质是否空闲，只有共享介质空闲时才可以发送数据。若共享介质忙，则需等到其空闲时再发送数据。

（3）冲突检测（Collision Detection）：如果两台计算机在同一时间都检测到共享介质空闲，并同时发送数据，在共享介质上会发生冲突。

（4）冲突避免（Collision Avoidance）：计算机一旦检测到冲突，就会立即停止发送数据，并在共享介质上发出阻塞信号，通知网络上的其他计算机终止通信，以节省网络带宽。

由于共享介质上存在信道传播时延，因此连接在网络中的计算机经常监听不到其他计算机发出的阻塞信号，致使冲突频繁发生，如图 2-27 所示。CSMA/CD 使用冲突检测和冲突避免技术来解决该问题。

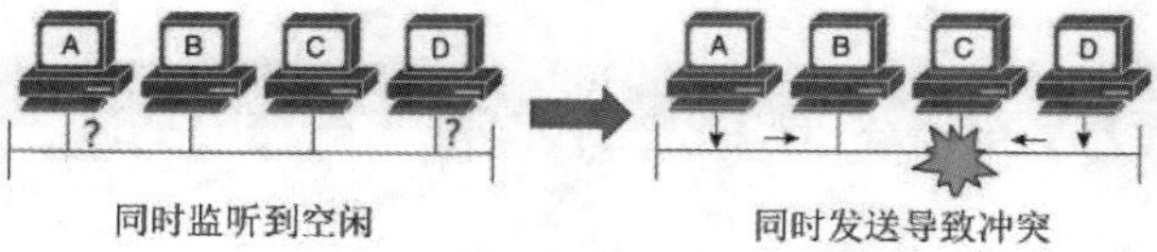

同时监听到空闲　　　　　同时发送导致冲突

图 2-27　共享介质上发生冲突

2. 共享介质中的广播

早期的以太网是总线型网络，连接在网络上的所有计算机都共享一条信道。

对于任意一台计算机发出的数据，网络中的其他计算机都可以接收，这种信号传输机制称为广播，如图 2-28 所示。

接入网络的设备越多，广播占用的时间就越多，这会对网络中的数据传输产生影响。轻则导致数据传输延迟，重则导致整个网络堵塞、瘫痪，即广播风暴。广播风暴会严重影响局域网的数据传输效率。

3. 共享介质上的冲突

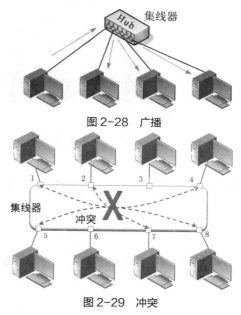

图2-28 广播

如果网络中的两台或两台以上计算机同时发送数据，在共享介质上会产生信号叠加，导致每一台计算机都辨别不出哪个数据才是自己需要的，通常把网络中出现的这种信号叠加现象称为冲突（或碰撞），如图2-29所示。冲突会降低网络性能，冲突越多，网络的数据传输效率就越低。

为了减小冲突对网络性能的影响，网络中的计算机在发送数据的过程中，需要不停地检测共享介质是否空闲，避免发生冲突。

图2-29 冲突

在以太网的发展过程中，出现了很多新技术，这些新技术可以尽量减小网络中冲突发生的概率，但不能完全避免冲突的发生。

2.2.4 了解传输介质

传输介质是指局域网中将多台计算机连接在一起的物理信道。传输介质分为有线传输介质和无线传输介质，如图2-30所示。

1. 有线传输介质

有线传输介质是指两台通信设备之间的物理连接通道，它可以将信号从一方传输到另一方。有线传输介质主要有双绞线、同轴电缆和光纤等。图2-31所示为有线传输介质。

2. 无线传输介质

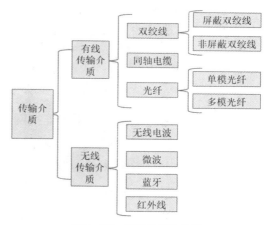

图2-30 传输介质的分类

无线通信是利用各种波长的电磁波在自由的空间内传播的特性，实现信号传输的一种方式，如图2-32所示。无线通信使用电磁波作为无线传输介质。根据电磁波的频谱，无线传输介质通常分为无线电波、微波、蓝牙、红外线等，不同的无线传输介质可以实现不同类型的无线通信。

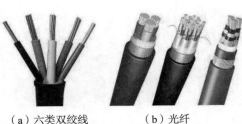

（a）六类双绞线   （b）光纤

图 2-31   有线传输介质

图 2-32   无线通信

2.2.5   熟悉有线传输介质

1. 双绞线

双绞线（Twisted Pair，TP）是综合布线工程中常用的一种传输介质，将两根具有绝缘保护层的铜导线绞合起来封装在一个绝缘封套中即可构成双绞线。其中的每一对双绞线都由两根绝缘铜导线互相扭绞而成，扭绞可以减少相邻导线之间的电磁干扰，每一根导线在传输过程中辐射的电磁波会被另一根导线上发出的电磁波抵消。

与其他传输介质相比，双绞线在传输距离、信道带宽和传输速率等方面均有一定限制。但双绞线的价格低、安装与维护简单，所以得到了广泛应用。

目前，人们普遍采用图 2-33 所示的 EIA/TIA 568B 标准来制作双绞线。

有线传输介质介绍

水晶头

1	2	3	4	5	6	7	8
橙白	橙	绿白	蓝	蓝白	绿	棕白	棕

橙白指浅橙色的线缆，或白线上有橙色的色点/色调的线缆；绿白、棕白、蓝白同理

图 2-33   EIA/TIA 568B 标准

双绞线两端有水晶头，用于连接网卡与组网设备。双绞线的最长传输距离为 100 米。如果想要增加双绞线的传输距离，就需要在双绞线之间安装中继设备（如中继器、集线器），一个网络中最多可安装 4 台中继设备，连接 5 个网段，因此，双绞线的最长传输距离为 500 米。

双绞线分为屏蔽双绞线（Shielded Twisted Pair，UTP）和非屏蔽双绞线（Unshielded Twisted Pair，STP），如图 2-34 所示。

图 2-34   屏蔽双绞线和非屏蔽双绞线

屏蔽双绞线的电缆由铝箔包裹，可以减小辐射。因此，屏蔽双绞线的价格较高，抗干扰能力较好，具有较高的传输速率，安装难度比非屏蔽双绞线大。而非屏蔽双绞线价格较低，

传输速率较低，抗干扰能力较差。

常见的双绞线有三类线、五类线、超五类线及六类线，具体说明如下。

（1）三类线：使用 ANSI 和 EIA/TIA 568 标准的线缆，其传输频率为 16MHz，用于语音传输及传输速率低的数据传输，常见于早期的 10BASE-T 网络。

（2）五类线：这种线缆增加了绕线密度，外层为一种高质量的绝缘材料，其传输频率为 100MHz，用于数据传输，常见于 100BASE-T 网络。图 2-35 所示为五类非屏蔽双绞线，图 2-36 所示为五类屏蔽双绞线。

图 2-35　五类非屏蔽双绞线

图 2-36　五类屏蔽双绞线

（3）超五类线：其衰减小、串扰少。与五类线相比，超五类线具有更高的衰减串扰比和更小的时延误差，其传输性能得到了很大提升。超五类线用于吉比特以太网。图 2-37 所示为超五类屏蔽双绞线。

（4）六类线：其传输性能远高于超五类线，它可以提供 2 倍于超五类线的传输带宽，用于传输速率高于 1Gbit/s 的高速以太网。图 2-38 所示为六类双屏蔽双绞线。

图 2-37　超五类屏蔽双绞线

图 2-38　六类双屏蔽双绞线

2. 同轴电缆

（1）同轴电缆的组成

同轴电缆由内导体电缆铜芯（单股实心线或多股绞合线）、绝缘层、网状的外导体屏蔽层及外绝缘层组成，具有高带宽和极好的噪声抑制特性。图 2-39 所示为同轴电缆的组成。

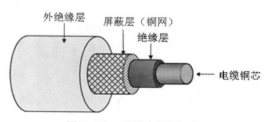

图 2-39　同轴电缆的组成

同轴电缆的传输速率取决于电缆长度，一千米以内的电缆的数据传输速率为 1Gbit/s ～ 2Gbit/s。如果使用更长的电缆，其数据传输速率会降低，所以电缆中间需要使用放大器，防止数据传输速率降低。

（2）同轴电缆的分类

同轴电缆按直径的不同，可分为粗缆和细缆。

粗缆上传输的信号是采用频分复用的宽带信号。因此，75Ω 的同轴电缆又称为宽带同轴电缆。宽带同轴电缆传输模拟信号的距离最远可达 100 千米。但在传输数字信号时，需要先将其转换成模拟信号；接收时，要把收到的模拟信号再转换成数字信号。

细缆是特性阻抗为 50Ω 的电缆，用于传输信号，多为基带传输；粗缆是特性阻抗为 75Ω 的电缆，用于模拟传输系统，它是有线电视系统（Community Antenna Television，CATV）的标准传输电缆。

①粗缆。

粗缆的传输距离长、性能好，但成本高、安装和维护困难。粗缆一般用作大型局域网的干线，连接时两端需要安装终端器。图 2-40 所示为粗缆。

早期的以太网采用粗缆组网，单个网段最长为 500 米。粗缆与外部收发器相连，外部收发器与网卡之间使用连接单元接口（Attachment Unit Interface，AUI）连接，该网卡中必须有 AUI。图 2-41 所示为粗缆组网场景。

图 2-40　粗缆

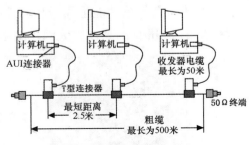

图 2-41　粗缆组网场景

早期的以太网使用中继器将几个网段连接在一起，扩大其覆盖范围。但一个以太网中最多可以使用 4 个中继器，即最多连接 5 个网段。

②细缆。

细缆与卡口螺母连接器（Bayonet Nut Connector，BNC）用 T 型连接器连接，两个 T 型连接器之间的最短距离为 0.5 米。图 2-42 所示为细缆。

图 2-42　细缆

采用细缆组网时，单个网段最长为 185 米，可以使用 BNC 将多个网段连接在一起，以延伸距离。一个网络最多可以使用 4 个 BNC，最多连接 5 个网段。细缆安装容易，造价低，但日常维护不方便，在采用细缆组网的网络中，若一个用户出现故障，则会影响其他用户的正常工作。图 2-43 所示为细缆组网场景。

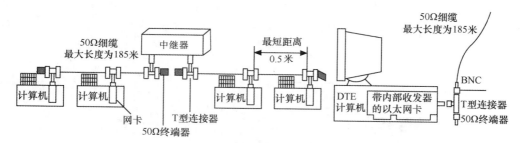

图 2-43 细缆组网场景

3. 光纤

光纤由纤芯、包层、涂覆层、内保护层、芳纶纱和外保护套组成，如图 2-44 所示。纤芯通常是由非常透明的石英玻璃拉成的柔软细丝。

光纤传输数据的过程：信源将电信号转换为光信号（电发射机），再把光信号导入光纤（光发射机）；在另一端，接收光纤传来的光信号（光接收机），并把它转换为电信号（电接收机），将电信号解码后再处理（信宿），如图 2-45 所示。

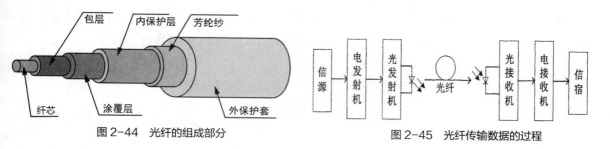

图 2-44 光纤的组成部分　　　　图 2-45 光纤传输数据的过程

（1）光纤的特点

光纤的电磁绝缘性能好，具有信号衰减小、频带宽、传输速率快、传输距离远等特点。光纤是骨干网络中的传输介质，也是通过千兆网线连接到终端的重要传输介质。光纤如图 2-46 所示。

图 2-46 光纤

（2）光纤的传输原理

光纤使用直尖端（Straight Tip，ST）型光纤连接器连接。当光从高折射率的媒介射向低折射率的媒介时，其折射角大于入射角。如果入射角足够大，光就会出现全反射，光碰到包层后就会折射回纤芯，这个过程不断重复，光就沿着纤芯传输下去。图 2-47 所示为光在光纤中的传输过程。

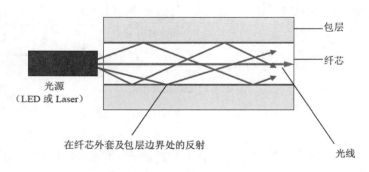

图 2-47   光在光纤中的传输过程

光是光纤通信的传输媒介，纤芯用来传导光，包层相较于纤芯只有较低的折射率。

在发送端，通过配套设备（驱动器）产生光源，即采用发光二极管或半导体激光器（光发送机），在电信号的作用下产生光信号（光源）。其中，有光信号相当于 1，没有光信号相当于 0。在接收端，利用光电二极管做成光检测器（光接收机），在检测到光信号后（放大器）将其还原成电信号。最后，将电信号解码，再处理。图 2-48 所示为光纤的传输原理。

图 2-48   光纤的传输原理

（3）光纤的分类

根据传输模数的不同，光纤可分为单模光纤和多模光纤。多模光纤的横截面，以及光在单模光纤和多模光纤中的传输过程如图 2-49 所示。

"模"是指以一定的角速度进入光纤的一束光，如图 2-50 所示。

图 2-49   多模光纤的横截面及光的传输过程

单模光纤采用固体激光器为光源，多模光纤采用发光二极管为光源。

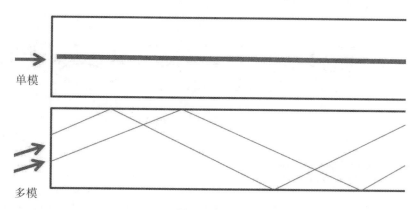

图2-50 模

①单模光纤。

图2-51所示为单模光纤。单模光纤采用激光光源，仅有一条光通路，传输距离可超过两千米。

图2-52所示为单模光纤中的光传输过程。单模光纤中没有模分散现象，其纤芯较细，传输频带宽，容量大，传

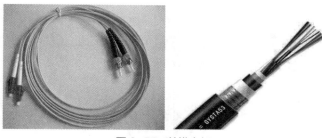

图2-51 单模光纤

输距离长。但制作单模光纤需要用到激光光源，成本较高。单模光纤通常在建筑物之间或在分散的地域间使用。单模光纤是当前网络传输应用的重点，也是光纤通信技术的发展趋势。

图2-52 单模光纤中的光传输过程

②多模光纤。

图2-53所示为多模光纤，其适用于低速、短距离（两千米以内）的数据传输。

多模光纤允许多束光在光纤中同时传播，从而形成模分散。每一个"模"进入光纤的角度不同，到达另一端的时间也不同，这种现象称为模分散。

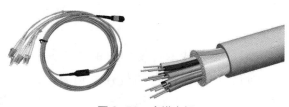

图2-53 多模光纤

模分散限制了多模光纤的带宽和传输距离，因此，多模光纤的芯线较粗，传输速率低，传输距离短，整体的传输性能差，但其成本比较低，主要用于在建筑物内，或在地理位置相邻的建筑物间布线。图2-54所示为多模光

纤中的光传输过程。

输入脉冲　　　　　　　　　　　　　　　　　　　　　　输出脉冲

图 2-54　多模光纤中的光传输过程

2.2.6　了解无线传输介质

　　无线通信是利用电磁波能在自由空间中传播的特性，实现信息传输的一种方式。无线通信技术是近年来发展最快、应用最广的通信技术，已深入人们生活的各个方面。

　　无线局域网（Wireless Local Area Network，WLAN）、4G、超宽带（Ultra Wide Band，UWB）无线技术、蓝牙等，都是热门的无线通信应用。图 2-55 呈现了地表的地面波（电磁波）通信和电离层的电磁波通信。

图 2-55　无线通信

　　无线通信过程需要用到无线传输介质，常见的无线传输介质有以下几种。

无线传输介质介绍

1. 电磁波

　　电磁波是由同相振荡且互相垂直的电场与磁场在空间中衍生发射的振荡粒子波，是以波动的形式传播的电磁场，图 2-56 所示为通过电磁波加载传输信息的过程。

　　用无线电技术传输信息的原理是：通过调制技术将信息加载到电磁波中，当电磁波通过空间传播到接收端时，电磁波引起的电磁场变化会使导体中产生

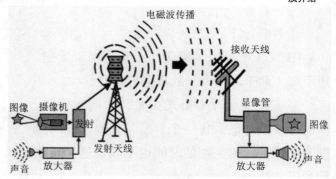

图 2-56　通过电磁波加载传输信息的过程

电流，通过解调技术将信息从电流变化中提取出来，就达到了传输信号的目的。

2. 微波

微波通信在无线通信中占有重要地位。微波是频率为 300MHz ～ 300GHz 的电磁波，是电磁波中一个有限频带的简称，即波长在 1 毫米到 1 米（不含 1 米）之间的电磁波，是分米波、厘米波、毫米波和亚毫米波的统称。

微波的频率比一般电磁波的频率高，所以通常也称微波为超高频电磁波。广义上的微波还包括一部分特高频、极高频电磁波。

使用微波远距离传输信息时，由于微波的频带很宽，通信容量很大，因此每隔几十千米就需要建一个微波中继站，如图 2-57 所示。微波通信可传输语音、视频、图像、数据等信息。

在微波通信中，如果使用地球同步卫星作为中继站，这种通信方式就是卫星通信，如图 2-58 所示。卫星通信的频带较宽，通信容量大，信号受到的干扰小，误码率也低，通信稳定可靠，但传播时延较长。

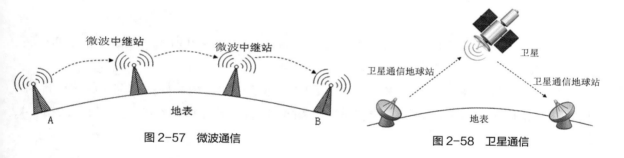

图 2-57　微波通信　　　　　　　　　图 2-58　卫星通信

3. 蓝牙

蓝牙技术是支持设备之间短距离（一般在 10 米以内）通信的无线电技术，能够有效简化移动电话、个人数字助理（Personal Digital Assistant，PDA）、无线耳机、笔记本电脑等设备之间的通信，使数据传输变得更加迅速和高效。图 2-59 所示为用蓝牙实现智能终端之间的通信。

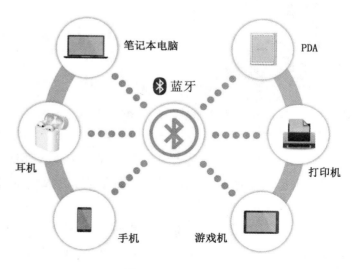

图 2-59　蓝牙通信

4. 红外线

红外线是太阳光线中众多不可见光线的一种，由德国科学家霍胥尔于 1800 年发现，又称为红外热辐射。红外线可以作为传输媒介。在太阳光谱上，红外线的波长大于可见光的波长，其波长为 $0.75\,\mu m\sim 1000\,\mu m$。

在无线通信中，红外线通信适合用于短距离的信息传输，如通过遥控器控制电视机使用的就是红外线通信。

2.2.7 任务实施：制作网线

 任务描述

小明买了一台集线器，打算把宿舍中的计算机连接起来组建宿舍网，在那之前，他需要先制作几根网线。

 实施过程

（1）把双绞线的一端剪齐，插入网线钳的刀口中，如图 2-60 所示，握紧网线钳并旋转，划开双绞线的保护胶皮，将其剥除。

（2）剥除保护胶皮后，按"橙白、橙、绿白、蓝、蓝白、绿、棕白、棕"的顺序排列 4 对芯线，如图 2-61 所示。然后，按图 2-62 所示的线序将芯线分别插入水晶头的 1、2、3、4、5、6、7、8 针脚中。

图 2-60 将双绞线插入网线钳的刀口中

图 2-61 排列芯线

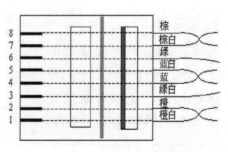

图 2-62 568B 标准的针脚顺序

（3）将芯线插入水晶头时，要确保 8 条芯线都插入了针脚顶端。水晶头是透明的，透过水晶头能观察到每条芯线的插入位置，如图 2-63 所示。

（4）将插入了芯线的水晶头插入网线钳的压线槽，如图 2-64 所示，用力握紧网线钳，使水晶头的针脚接触到芯线。

（5）按照同样的方式制作网线的另一端，完成普通网线（568B 标准）的制作，如图 2-65 所示。

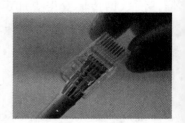

图 2-63 将 8 条芯线插入水晶头

图 2-64 将水晶头插入压线槽

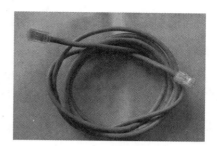

图 2-65 制作完成的网线

（6）使用网线前最好用测线仪（见图 2-66）检查下一网线。测线仪由主控端和测线端组成。

主控端的开关控制测试过程，指示灯可以显示所测试线缆的连通情况，指示灯的编号 1～8 对应网线的线序。测线端有一个 RJ-45 接口，能够与主控端网线连接。

把制作完成的网线插入测线仪的插口中，打开测线仪的主控端开关。如果 8 个指示灯顺序闪亮，则表明网线正常。如果某个指示灯不亮，则表明整根网线有问题，需要更换。

注意：关于直连网线和交叉网线，直连网线的两端使用同样的标准（如 568B 标准），用于连接不同类型的设备，如连接网络中的计算机与交换机，如图 2-67 上图所示；交叉网线的两端使用不同的标准（例如一端使用 568A 标准，另一端使用 568B 标准），用于连接相同类型的设备，如连接两台计算机，如图 2-67 下图所示。

图 2-66 测线仪

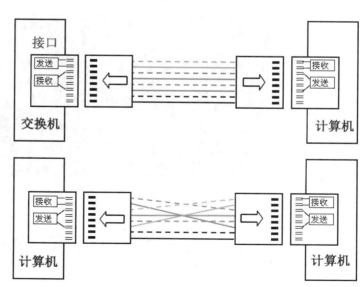

图 2-67 直连网线和交叉网线的应用

目前，计算机和网络设备都使用智能翻转口，它能自动识别线序，连接时直接使用普通网线即可，不再强制使用交叉网线。

我国光纤通信技术水平进入全球前三

《科学美国人》杂志曾评价"光纤通信是二战以来最有意义的四大发明之一。如果没有光纤通信，就不会有今天的互联网和通信网络。"人们对拉出我国第一根光纤的赵梓森院士，以及赵梓森院士带领的团队完成我国自主研发的第一根光纤的故事知之甚少。

光纤通信历史上有几个重要的节点事件。1966年，高锟首次提出玻璃丝可用于通信。1970年，美国花费3000万美元，制造出3条30米长的光纤样品，这是世界上第一次制造出的对光纤通信有实用价值的光纤。

1977年，赵梓森（见图2-68）院士带领的团队拉出了具有我国自主知识产权的第一根实用光纤。赵梓森的这一贡献使我国后来在通信技术方面与世界最先进的水平齐头并进，在部分领域甚至处于领跑地位。

如今，我国是世界上光纤通信技术最先进的国家之一，全国通信网络的传输光纤化超8成，光纤光缆年产量占全球的一半以上。我国提供了全球最多的光纤产品，全球规模最大的光纤网络也已由我国建设完成，而且我国光纤通信技术水平已经进入了全球前三行列。

图2-68　中国"光纤之父"——赵梓森

认证试题

下面每一题的多个选项中，只有一个选项是正确的，将其填写在括号中。

1. 在计算机网络中，所有的计算机均连接到一条同轴电缆线路上，线路的两端连有防止信号反射的装置，这种连接结构被称为（　　　）。

　　A．总线型拓扑结构　　　　　　　　　　　B．环形拓扑结构

　　C．星形拓扑结构　　　　　　　　　　　　D．网状拓扑结构

2．属于集中控制式的网络拓扑结构是（　　　）。

　　A．星形拓扑结构　　　　　　　　　　　　B．环形拓扑结构

　　C．总线型拓扑结构　　　　　　　　　　　D．树形拓扑结构

3．以太网中使用的介质访问控制方法是（　　　）。

　　A．CSMA/CD　　　　B．CSMA/CA　　　　C．令牌总线　　　　D．令牌环

4．在局域网中用光纤作为传输介质的意义在于（　　　）。

　　A．增加网络带宽　　　　　　　　　　　　B．扩大网络传输范围

　　C．降低连接及使用的费用　　　　　　　　D．以上都正确

5．在采用星形拓扑结构的局域网中，用于连接文件服务器与工作站的设备是（　　　）。

　　A．调制解调器　　　　B．中断器　　　　C．路由器　　　　D．集线器

6．在常用的传输介质中，（　　　）的带宽最宽，信号传输衰减最小，抗干扰能力最强。

　　A．双绞线　　　　　　B．同轴电缆　　　　C．光纤　　　　D．微波

7．一座大楼内的一个计算机网络系统，属于（　　　）。

　　A．PAN　　　　　　　B．LAN　　　　　　C．MAN　　　　D．WAN

8．计算机网络中可以共享的资源包括（　　　）。

　　A．硬件、软件、数据、通信信道　　　　　B．主机、外设、软件、通信信道

　　C．硬件、程序、数据、通信信道　　　　　D．主机、程序、数据、通信信道

9．以下不属于无线传输介质的是（　　　）。

　　A．激光　　　　　　　B．电磁波　　　　　C．光纤　　　　D．微波

10．网络中各个节点相互连接的形式叫作网络（　　　）。

　　A．拓扑结构　　　　　B．协议　　　　　　C．分层结构　　　D．分组结构

11．所有工作站连接到公共传输媒介上的网络拓扑结构是（　　　）。

　　A．总线型拓扑结构　　　　　　　　　　　B．环形拓扑结构

　　C．树形拓扑结构　　　　　　　　　　　　D．混合型拓扑结构

12．IEEE 802.3标准的介质访问控制方法是（　　　）。

　　A．CSMA/CD　　　　　B．CSMA/CA　　　　C．令牌总线　　　D．令牌环

13．网络拥塞指的是（　　　）。

　　A．网络工作站之间已经无法通信

　　B．通信线路与主机之间频繁发生冲突

　　C．网络传输速率下降

　　D．连入网络的工作站数量增加而吞吐量下降

14. 按照网络覆盖范围，可将网络分为（   ）。

    A．局域网和广域网   B．局域网、城域网和广域网

    C．城域网和远程网   D．局域网和城域网

15. 采用全双工通信方式，数据传输的方向性结构为（   ）。

    A．可以在两个方向上同时传输

    B．只能在一个方向上传输

    C．可以在两个方向上传输，但不能同时进行

    D．以上均不对

16. 利用万维网传输信息时，需要搭建（   ）。

    A．域名服务器   B．发信服务器   C．Web 服务器   D．邮件服务器

17. 在 100BASE-T 的以太网中，使用双绞线作为传输介质，最大网段长度是（   ）。

    A．2000 米   B．500 米   C．185 米   D．100 米

18. 计算机网络拓扑结构是指（   ）。

    A．计算机网络的物理连接形式   B．计算机网络的协议集合

    C．计算机网络的体系结构   D．计算机网络的物理组成

19. 分布在一座大楼或一个集中建筑群中的网络可称为（   ）。

    A．局域网   B．广域网   C．公用网   D．专用网

20. 某同学以 myname 为用户名，在新浪网注册的电子邮箱地址应该是（   ）。

    A．myname@sina.com   B．myname.sina.com

    C．myname.sina@com   D．sina.com@myname

单元3
熟悉网络系统

03

技术背景

　　小明已学会在学习和生活中使用互联网，但他觉得自己作为计算机专业的学生，对网络知识的了解还太少，不知道有哪些组网硬件，也不知道有哪些网络通信协议，更不知道网络中的设备是如何传输信息的……小明希望学习更多网络系统知识，打下扎实的专业基础。

　　本单元可以帮助学生认识网络中的硬件系统、软件系统，学会使用集线器组建宿舍网。

技术导读

学习任务	能力要求	技术要求
任务 3.1　认识网络中的硬件系统	能够识别各种常见的硬件设备	了解网络系统的组成，认识常见的硬件设备
任务 3.2　认识网络中的软件系统	能够识别各种常用的软件	了解网络操作系统，熟悉网络通信协议，了解网络应用软件
任务 3.3　使用集线器组建宿舍网	能够使用集线器组建宿舍网，能够共享网络中的资源	了解集线器，了解广播的原理和产生冲突的原因，能够共享网络中的资源

任务 3.1　认识网络中的硬件系统

任务描述

学校的网络中心招聘兼职网络管理员，小明立即报名，参加网络基础知识考试后被网络中心录用。小明每天下课后都到网络中心帮忙，认识了很多网络设备。

任务分析

一个完整的网络系统由硬件系统和软件系统组成。其中，硬件系统是构建网络系统的物质基础，它包括服务器、网络互联设备、网络安全设备等。

3.1.1　认识常见的硬件设备

组建网络的硬件系统由计算机、通信设备和连接介质组成。硬件系统包括服务器、工作站、网卡、集线器、网桥、交换机、调制解调器、路由器、防火墙等硬件设备。

1. 服务器

安装在局域网内的服务器可以为用户提供各种网络服务。常见的服务器有文件服务器、Web 服务器、FTP 服务器、邮件服务器、打印服务器等。服务器的硬件配置都很高，安装了多个高速中央处理器（Central Processing Unit，CPU），拥有超大容量的外部存储空间、内存空间。图 3-1 所示为服务器。

图 3-1　服务器

2. 工作站

网络系统中的工作站是具有独立处理能力的计算机，是用户向服务器申请服务的终端设备。用户可以在工作站上处理日常工作，并向服务器索取各种数据，请求服务器提供各种服务（如传输文件、打印文件等）。图 3-2 所示为局域网中的工作站（计算机、手机、平板电脑）。

图 3-2　局域网中的工作站（计算机、手机、平板电脑）

3. 网卡

网卡也称为网络适配器，是连接计算机与局域网的通信接口装置，能够实现网络通信。图 3-3 所示为台式机上的有线网卡和 USB 无线网卡。

在网络通信中，网卡不仅能实现计算机与局域网传输介质的物理连接、介质的访问控制，也能实现连接介质的信号匹配，还能实现封装数据帧的发送与接收、数据帧的封装与拆封、数据的编码与解码，以及数据缓存等功能。

目前，计算机主板上的网卡多为集成网卡，可以减小主板体积，其传输速率可达 1Gbit/s。

图 3-3　台式机上的有线网卡和 USB 无线网卡

4. 集线器

使用集线器可以把多台计算机连接到一起，组建以集线器为核心的局域网。

在局域网通信过程中，集线器对收到的信号进行再生、整形、放大，以增加局域网的传输距离。此外，由于集线器采用广播方式对外转发信息，因此它的传输效率较低。图 3-4 所示为集线器。

图 3-4　集线器

5. 网桥

网桥（Bridge）是局域网早期采用的硬件设备，可以扩展局域网的传输距离，减轻网络的负载。在局域网发展的早期，网桥将负担过重的局域网分割成多个网段，当信号通过网桥时，网桥会将非本网段中的信号过滤掉，只将需要发到对端网络中的信号转发过去，使信息的有效使用率更高，以减轻网络负担。图 3-5 所示为网桥。

图 3-5　网桥

6. 交换机

交换机可用于组建以交换机为核心的交换式局域网。图 3-6 所示为交换机。和集线器不同的是，交换机采用交换方式转发信息，这样大大减少了网络中的干扰，能够提高局域网的传输效率，实现局域网中的高速通信。

图 3-6　交换机

目前，交换机已逐步取代集线器，成为局域网中的重要硬件设备。

7. 调制解调器

调制解调器是用于把局域网接入互联网的通信设备。例如，使用该设备连接电话线，可以把家庭网络接入互联网中，实现电话网中传输的模拟信号和计算机网络中的数字信号（用二进制数表示）的相互转换。在发送端，调制解调器把计算机中的数字信号"调制"成通信线路中的模拟信号；在接收端，调制解调器将通信线路中的模拟信号"解调"成数字信号。图 3-7 所示为调制解调器。

调制解调器应用在家庭网络中时，计算机通过调制解调器与电话线相连，使用非对称数字用户线（Asymmetric Digital Subscriber Line，ADSL）技术访问互联网，如图 3-8 所示。

图 3-7　调制解调器

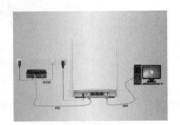

图 3-8　计算机通过调制解调器接入互联网

8. 路由器

路由器能将两个不同类型的网络或子网连接起来，形成更大的网络，成为互联网的一部分。路由器是互联网中重要的硬件设备。在互联网通信中，路由器依据路由表为数据包选择一条合适的传输路径。图 3-9 所示为路由器。

9. 防火墙

防火墙由软件和硬件设备组合而成，能够在内部网络和外部网络之间构造保护屏障，防止外部网络，特别是互联网上的非授权访问。

图 3-9　路由器

在网络检查中，试图进入内部网络的数据包都要经过防火墙的检查，若防火墙"同意"，则可进入内部网络。同时，防火墙会将"不同意""非授权"的数据包拒之于内部网络之外，阻止黑客访问内部网络。图 3-10 所示为防火墙设备。

图 3-10 防火墙设备

10. 入侵检测系统安全设备

入侵检测系统（Intrusion Detection System，IDS）安全设备是网络系统中重要的安全设备，它依照一定的安全策略，通过软件和硬件设备对网络系统的运行状况进行监视，在发现可疑传输时发出警告，保证网络系统资源的机密性、完整性和可用性。图 3-11 所示为入侵检测系统安全设备。

如果把防火墙比作一栋大楼的门锁，那么入侵检测安全设备就是这栋大楼里的监控系统。一旦小偷爬窗进入大楼，或大楼内部的人员有越界行为，该监控系统就会立即发现，并发出警告。

11. 入侵检测与实时防御安全设备

入侵检测安全设备只有检测功能，只能进行警告，却无法阻止攻击者的行为。和入侵检测安全设备不同的是，入侵检测与实时防御（Intrusion Detection and Prevention，IDP）安全设备兼具入侵检测和实时防御两种功能，不仅能够检测到网络中的攻击、扫描行为，还具有主动阻挡的功能。图 3-12 所示为入侵检测与实时防御安全设备。

图 3-11 入侵检测系统安全设备

图 3-12 入侵检测与实时防御安全设备

12. 无线路由器

无线路由器一般安装在家庭中，能够实现无线信号的接入，组建家庭无线局域网。图 3-13 所示为无线路由器。典型的无线路由器多应用在家庭环境中，把移动智能终端接入 Internet 中。

13. 无线 AP 设备

无线接点（Access Point，AP）设备，是无线局域网中的 Wi-Fi 信号接入设备，如图 3-14 所示。无线 AP 分为胖 AP（Fat AP）和瘦 AP（Fit AP）。

图 3-13 无线路由器

图 3-14 无线 AP 设备

其中，胖 AP 是无线局域网的组网核心，能够独立实现 Wi-Fi 信号的接入、转发和传输；瘦 AP 只负责 Wi-Fi 中客户端的信号接入，不能独立实现 Wi-Fi 覆盖，需要和无线 AC 设备配合使用，是组建更大范围的智能无线网重要设备。

14. 无线 AC 设备

无线接入控制器（Access Controller，AC）设备，是组建无线局域网的管理控制设备，能够用来组建"瘦 AP+ 无线 AC 设备"的智能无线局域网。用户通过无线 AC 设备对全网中的无线 AP 设备进行集中管理，可以提升 Wi-Fi 的管理效率。图 3-15 所示为无线 AC 设备。

图 3-15　无线 AC 设备

3.1.2　任务实施：认识 MAC 地址

任务描述

小明知道接入互联网中的每一台设备都有一个 IP 地址，但听老师说，安装在局域网中的每一台设备都需要一个物理地址。各设备在通信的过程中，需要借助物理地址进行通信，这颠覆了小明对网络地址的认知，因为在小明的印象中，IP 地址才是网络的通信地址。小明希望了解物理地址的相关知识，为未来排除网络故障积累经验。

实施过程

1. 认识网卡

网卡是局域网中的重要设备，是计算机连接局域网的硬件。按照连接的网络的不同，网卡分为有线网卡和无线网卡。此外，网卡按照安装方式又分为独立的 PCI 接口网卡和主板上的集成网卡，如图 3-16 所示。一台计算机可以同时安装多个网卡。

图 3-16　独立的 PCI 接口网卡和主板上的集成网卡

2. 了解网卡的物理地址

网卡作为计算机接入网络的硬件设备，是网络系统中的重要部分。在制作网卡的过程中，厂家会烧录一个申请到的全球唯一的物理地址到网卡的 EPROM（一种闪存芯片）中，用于标识每一台接入网络的终端的身份。

网卡的物理地址也称为 MAC（Media Access Control）地址或硬件地址。

物理地址由 48 位二进制数组成，使用十六进制形式表示。其中，前 24 位是网卡的组织唯一标识符，后 24 位由厂家自己分配，作为设备在局域网中的物理标识。

3. 查看计算机的物理地址

使用鼠标右键单击计算机的【开始】菜单，在弹出的快捷菜单中选择【运行】选项，打开【运行】对话框，输入 "CMD"，单击【确定】按钮，打开命令行窗口。

在光标闪动的地方输入 "ipconfig /all" 命令，按【Enter】键查询本机的物理地址，结果如下。

```
C:\Users\Administrator>ipconfig/all
以太网适配器  本地连接 ：
    连接特定的 DNS 后缀 . . . . . . . . ： lan
    描述 . . . . . . . . . . . . . . ： Intel (R) 82579LM Gigabit Network Connection
    物理地址 . . . . . . . . . . . ： F0-DE-F1-89-31-1D
    DHCP 已启用 . . . . . . . . . . ： 是
……
```

4. 查看 MAC 地址和 IP 地址的映射关系

MAC 地址是烧录在网卡或者接口上的物理地址，具有全球唯一性，一般不能被改变。IP 地址是网络中的主机或者三层接口在网络中的逻辑地址，在同一个网络内具有唯一性。

MAC 地址和 IP 地址分别对应着网络中的二层通信和三层通信过程。本地局域网内部的设备之间的通信（二层通信）可以直接使用 MAC 地址。

如果需要实现不同子网之间的设备通信（三层通信），则需要使用 IP 地址。此时，需要借助 ARP（Address Resolution Protocol，地址解析）将目标主机的 IP 地址转换为对应主机的 MAC 地址。图 3-17 所示为 MAC 地址和 IP 地址的 ARP 映射表。

在计算机的命令行窗口中输入 "arp -a" 命令，按【Enter】键，可以查询本机的 IP 地址（Internet 地址）和 MAC 地址（物理地址）之间的映射关系，结果如下。

```
C:\Users\Administrator>arp -a
接口 : 192.168.110.122 --- 0xd
    Internet 地址          物理地址              类型
    192.168.110.1          c4-70-ab-d8-06-3b     动态
    192.168.110.255        ff-ff-ff-ff-ff-ff     静态
    224.0.0.22             01-00-5e-00-00-16     静态
    224.0.0.251            01-00-5e-00-00-fb     静态
```

239.11.20.1	01-00-5e-0b-14-01	静态
239.255.255.250	01-00-5e-7f-ff-fa	静态
255.255.255.255	ff-ff-ff-ff-ff-ff	静态

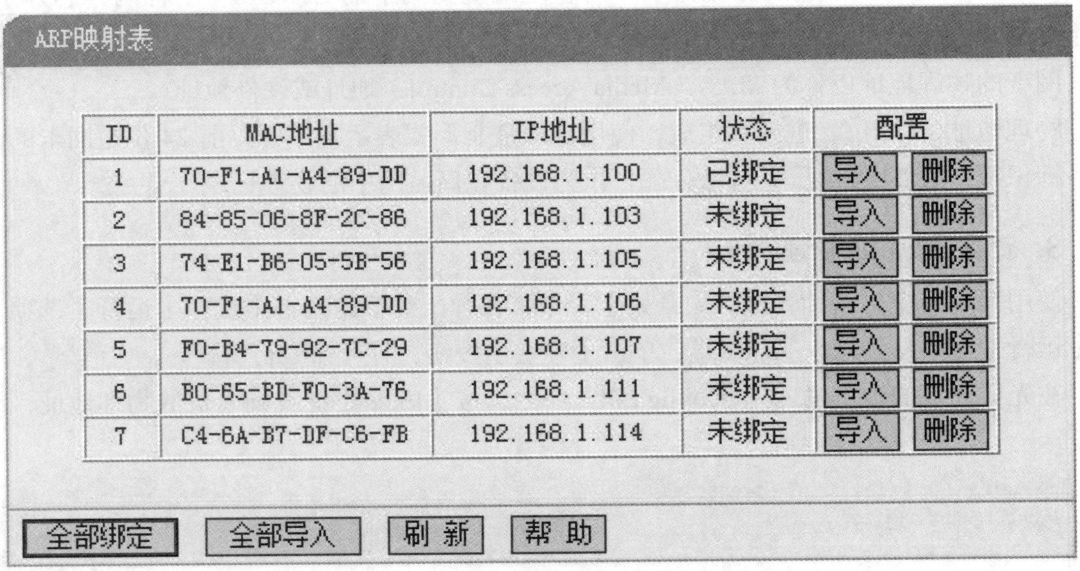

ARP映射表

ID	MAC地址	IP地址	状态	配置	
1	70-F1-A1-A4-89-DD	192.168.1.100	已绑定	导入	删除
2	84-85-06-8F-2C-86	192.168.1.103	未绑定	导入	删除
3	74-E1-B6-05-5B-56	192.168.1.105	未绑定	导入	删除
4	70-F1-A1-A4-89-DD	192.168.1.106	未绑定	导入	删除
5	F0-B4-79-92-7C-29	192.168.1.107	未绑定	导入	删除
6	B0-65-BD-F0-3A-76	192.168.1.111	未绑定	导入	删除
7	C4-6A-B7-DF-C6-FB	192.168.1.114	未绑定	导入	删除

全部绑定　　全部导入　　刷新　　帮助

图 3-17　MAC 地址和 IP 地址的 ARP 映射表

任务 3.2　认识网络中的软件系统

任务描述

小明到学校的网络中心做网络管理员，帮助网络中心的老师做一些简单的网络管理工作。在老师的帮助下，小明熟悉了网络中的硬件系统，还接触到了网络中的软件系统，学会了安装和配置软件，进而完成网络通信，学会了判断网络的故障类型。

任务分析

前面讲过，硬件系统是构建网络系统的物质基础，而安装在网络中的软件、通信协议等是驱动硬件系统工作的关键。硬件系统（如网络通信设备）和软件系统（如网络通信协议、网络应用软件等）相互配合，就形成了畅通的网络系统。

技术介绍

3.2.1　了解网络中的软件

网络中的软件按功能可分为网络通信协议、网络操作系统和网络应用软件。

1. 网络通信协议

网络通信是把位于不同地理位置、不同类型的设备互相连接起来，实现互联互通。在完成通信的过程中，通信双方必须遵循相同的规则和约定，才可以实现通信，这些规则和约定就是网络通信协议。网络通信协议的原型是软件形态，这些软件形态再通过相关组织审核，予以颁布，成为行业的标准，就称为协议。图3-18所示为Windows网络操作系统内置的TCP/IP，它可以提供Internet接入服务。

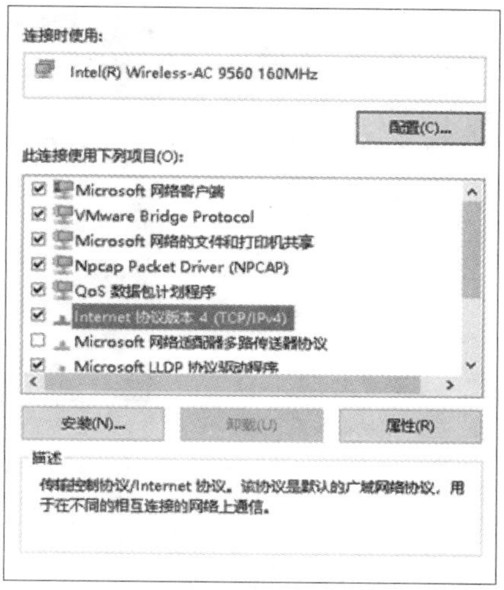

2. 网络操作系统

常见的网络操作系统有NetWare、Windows Server、UNIX和Linux等。图3-19所示为Windows Server 2022网络操作系统和Linux网络操作系统的图标。

将网络操作系统安装在服务器上，可以实现工作站与网络的连接，为用户提供一个连接网络的"接口"。网络操作系统是实现网络管理、网络内部资源控制和管理的系统软件，可以为用户提供管理网络、控制网络和共享网络资源等功能。

在应用上，网络操作系统需要提供整个网络的目录管理、文件管理、安全性管理、网络打印、存储管理、通信管理等服务。图3-20所示为智能手机的操作系统桌面。

图3-18　Windows网络操作系统内置的
TCP/IP

图3-19　Windows Server 2022网络操作系统和Linux
网络操作系统的图标

图3-20　智能手机的操作系统桌面

3. 网络应用软件

网络应用软件是指为网络中的用户提供各种网络服务的应用程序，如 360 浏览器、迅雷、各种手机软件等。此外，网络应用软件还包括各种网络应用开发程序，如网络广播教学系统、电子图书馆等。图 3-21 所示为红蜘蛛多媒体网络教室软件，使用它可在多媒体教室中实现广播教学。

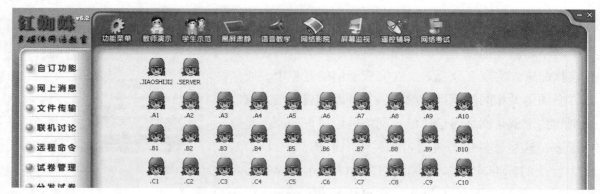

图 3-21　红蜘蛛多媒体网络教室软件

在移动互联网时代，安装在 Android 手机上的软件弥补了 Android 操作系统的不足，并可以提供个性化服务。图 3-22 所示为安装在 Android 手机上的软件。

图 3-22　安装在 Android 手机上的软件

3.2.2　了解网络操作系统

1. 什么是网络操作系统

网络操作系统（Network Operating System，NOS）是网络管理的核心，它的工作模式为客户机 / 服务器模式，安装在服务器上，为网络中的计算机提供管理、控制、共享等网络服务。

图 3-23 所示为办公网中服务器和计算机连接。图 3-24 所示为办公网中的计算机通过 Internet 连接远程服务器。在服务器上安装各种网络服务，可以方便接入和访问 Internet 中的计算机，共享服务器上的资源。

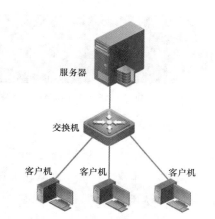

图 3-23　办公网中服务器和计算机连接

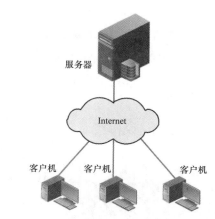

图 3-24　办公网中的计算机通过 Internet 连接远程服务器

2. 网络操作系统与个人操作系统的区别

网络操作系统（如 Windows Server 2019）与个人操作系统（如 Windows 11）有所不同，网络操作系统除具有操作系统通常具有的 CPU 管理、存储器管理、设备管理和文件管理功能外，还具有以下两大功能：一是提供高效、可靠的网络通信；二是提供多种网络服务，如远程作业服务、并行处理服务、文件传输服务、电子邮件服务、远程打印服务等。

图 3-25 所示为网络操作系统和个人操作系统的区别，网络操作系统安装在服务器上，可以管理整个网络；而个人操作系统安装在客户机上，只能管理本机上的硬件和软件。

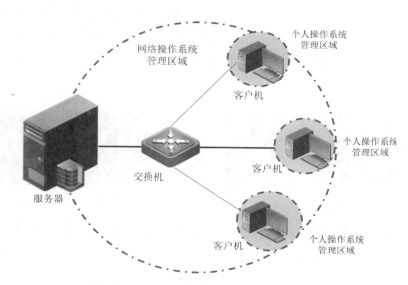

图 3-25　网络操作系统和个人操作系统的区别

3．常见的网络操作系统

（1）Windows 网络操作系统

微软公司的操作系统不仅在个人操作系统中占有绝对优势，而且在网络操作系统中也占据重要地位。特别是 Windows 网络操作系统，它在中低端服务器中有很大的市场，图 3-26 所示为 Windows Server 2019 网络操作系统；而高端服务器通常采用 UNIX、Linux 或 Solaris 等非 Windows 网络操作系统。

图 3-26　Windows Server 2019 网络操作系统

（2）NetWare 网络操作系统

图 3-27　NetWare 6.0 网络操作系统

美国 Novell 公司的 NetWare 网络操作系统虽然现在不如早些年使用范围广（主要因为它被 Windows 网络操作系统和 Linux 网络操作系统替代了）但它仍凭借对网络中的服务器硬件要求低等优势，受到了设备性能比较弱的中、小型企业的青睐。图 3-27 所示为 NetWare 6.0 网络操作系统。

（3）UNIX 网络操作系统

UNIX 网络操作系统如图 3-28 所示，它由 AT&T 公司推出，具有稳定性好、安全性强等优势，在金融网络中被广泛应用。UNIX 网络操作系统一般应用于大型网站或大型企、事业单位的服务器中，特别是金融网络中的服务器。

（4）Linux 网络操作系统

Linux 网络操作系统如图 3-29 所示，它最大的特点是源代码开放，目前中文版本的 Linux[如 Red Hat（红帽子）和红旗 Linux 等] 网络操作系统得到了许多用户的肯定。它在安全性和稳定性方面，与 UNIX 网络操作系统有许多相似之处。Linux 网络操作系统目前主要应用于中、高端服务器中。

图 3-28　UNIX 网络操作系统

图 3-29　Linux 网络操作系统

总的来说，每一个网络操作系统都有其适用的对象。例如，Windows 网络操作系统适用于小型服务器，而 UNIX 网络操作系统适用于大型服务器。

3.2.3 熟悉网络通信协议

1. 什么是网络通信协议

网络通信协议定义了用什么格式表达信息、如何组织和传输信息、如何校验和纠正传输中的错误。

在使用网络通信协议进行通信时，网络通信双方只有遵守相同的通信规则，才能进行交流。图 3-30 所示为计算机之间使用的网络通信协议和动物之间交流遵守的通信规则。

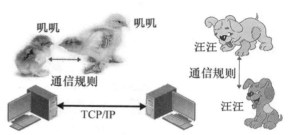

图 3-30 计算机之间的通信规则和动物之间的通信规则

2. 常见的网络通信协议

（1）NetBEUI 协议

用户扩展接口（NetBIOS Enhanced User Interface，NetBEUI）协议是 IBM 公司开发的一种高效率、快速的通信协议。NetBEUI 协议是为小型、非路由局域网设计的，适合包含几台至 200 台设备的小型局域网。

在早期的 Windows 网络操作系统中，NetBEUI 协议为默认协议，如图 3-31 所示。

（2）IPX/SPX 协议

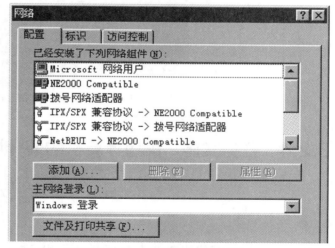

图 3-31 早期的 Windows 网络操作系统内嵌了 NetBEUI 协议

网际包交换 / 顺序包支换（Internetwork Packet Exchange/Sequences Packet Exchange，IPX/SPX）协议是美国 Novell 公司开发的局域网通信协议，它具有强大的路由功能，是为多网段大型局域网设计的。当用户计算机接入 NetWare 服务器时，可以使用 IPX/SPX 协议。但在非 Novell 网络中，不可以使用 IPX/SPX 协议。

（3）TCP/IP

传输控制协议 / 网际互连协议（Transmission Control Protocol/Internet Protocol，TCP/IP）是一组协议集的统称。TCP/IP 是 Internet 中使用的通信协议，具有很强的灵活性，能支持任意规模的网络，方便接入其他网络服务。Windows 网络操作系统默认安装了 TCP/IP，如图 3-32 所示。

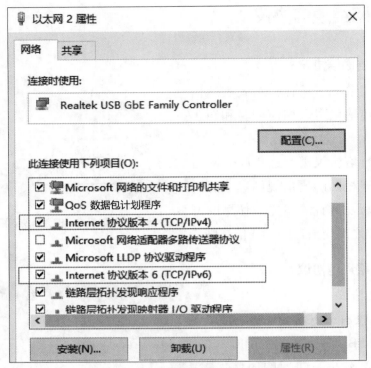

图 3-32   Windows 网络操作系统默认安装了 TCP/IP

3.2.4   任务实施：配置计算机的 IP 地址，实现网络通信

开学之初，网络中心需要检查学校多媒体教室的计算机，把每台计算机的 IP 地址配置为规定的 IP 地址。小明需要按照网络中心老师的要求，检查并配置各个多媒体教室中计算机的 IP 地址。

1. 查看网络

在计算机的桌面上，使用鼠标右键单击【网络】图标，在弹出的快捷菜单中选择【属性】选项，打开【网络和共享中心】窗口，查看活动网络中以太网 2 的连接情况，如图 3-33 所示。

图 3-33 【网络和共享中心】窗口

2. 打开网络的连接属性

单击【以太网 2】链接打开【以太网 2 状态】对话框，单击【属性】按钮，打开【以太网 2 属性】对话框，勾选【Internet 协议版本 4(TCP/IPv4)】复选框，如图 3-34 所示。

图 3-34 勾选【Internet 协议版本 (TCP/IPv4)】复选框

3. 配置所有计算机的 IP 地址

单击【属性】按钮，打开【Internet 协议版本 4(TCP/IPv4) 属性】对话框，配置计算机的 IP 地址，如图 3-35 所示。

按照同样的方法，配置办公网中所有计算机的 IP 地址。

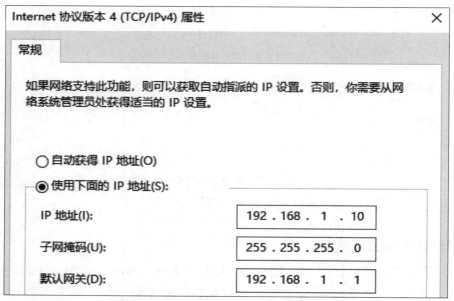

图 3-35   配置计算机的 IP 地址

注意：此处的 IP 地址按照机房的 IP 地址段进行分配，可咨询网络管理员获取 IP 地址、网关信息。

4．测试网络连通性

按【Win+R】组合键，打开【运行】对话框，输入"CMD"，单击【确定】按钮，打开命令行窗口，执行以下命令。

```
ipconfig            !   查询计算机的 IP 地址的参数信息
……
ping 192.168.1.1         !   测试与办公网中其他计算机的连通性
……
连接在同一办公网中的设备，能实现互相连通。
```

任务 3.3   使用集线器组建宿舍网

 任务描述

小明在网络中心做了一段时间网络管理员后，学会了组建简单的局域网。他在网上买了一台 8 口集线器，然后把宿舍中的几台计算机连起来，组建宿舍网。宿舍网组建完成后，小明和室友不仅可以共享和快速下载学习资料，还可以一起玩游戏。

任务分析

集线器是局域网中的重要组网设备，使用集线器可以把周围的设备接入网络中，共享网络资源。

技术介绍

3.3.1 认识集线器

认识集线器

集线器是家庭网和小型办公网中的网络连接设备，它可以将局域网中的计算机连接在一起，实现网络的连通。常见的集线器有 8 口集线器、16 口集线器和 24 口集线器，8 口集线器如图 3-36 所示。

集线器是实现信息从服务器到计算机桌面最经济的方案之一。

图 3-36　8 口集线器

3.3.2 掌握集线器的工作原理

集线器是物理层设备，不具备交换机的智能记忆和学习能力，也不具备交换机的过滤转发功能。集线器在传输信息时采用广播方式，没有针对性。图 3-37 所示为集线器通过广播方式传输信息。

例如，PC1 给 PC2 传输信息，PC1 把封装好的数据帧从 FastEthernet0/1 接口传输到集线器，集线器将接收到的信号通过广播方式转发给其他接口，但只有 PC2 接收该信息。

因为网络中的所有设备都通过集线器传输信息，所以容易发生冲突，如图 3-38 所示。

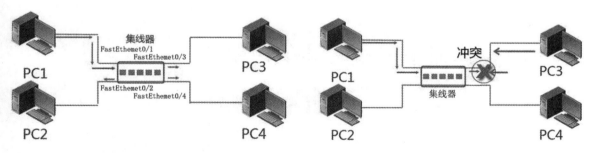

图 3-37　集线器通过广播方式传输信息　　　　图 3-38　冲突

3.3.3 集线器使用广播方式传输信息

集线器从任何一个接口上收到一个信息后，都会将此信息广播到其他接口。在网络中，能接收到同样广播信号的所有设备的集合称为广播域（Broadcast Domain）。图 3-39 所示为广播和广播域。

使用集线器组网极易产生广播风暴，如果不维护，就会消耗大量带宽，降低网络的传输效率。

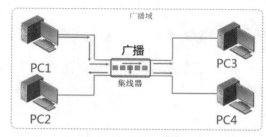

图 3-39　广播和广播域

3.3.4　用集线器组网容易产生冲突

连接在集线器中的所有设备在竞争使用集线器传输信息时，都会发生冲突。冲突的范围就是冲突域（Collision Domain）。冲突域里的某台设备如果要在某个网段发送数据帧，就需要强迫该网段中的其他设备停止传输。图 3-40 所示为冲突和冲突域。

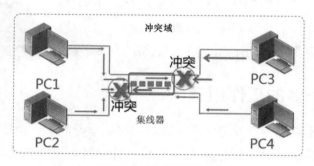

图 3-40　冲突和冲突域

3.3.5　任务实施：组建宿舍网

任务描述

图 3-41 所示为小明组建宿舍网使用的网络拓扑结构。

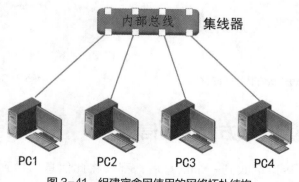

图 3-41　组建宿舍网使用的网络拓扑结构

【实施过程一】组建宿舍网

1. 组网

使用前面制作完成的网线通过集线器把宿舍中的计算机连接起来,组建宿舍网。

2. 配置设备的 IP 地址,实现网络管理功能

将计算机连接好后,需要为每台计算机配置 IP 地址,以实现网络管理功能。

(1)选择任意一台计算机,使用鼠标右键单击【网络】图标,在弹出的快捷菜单中选择【属性】选项,如图 3-42 所示。

(2)打开图 3-43 所示的【网络和共享中心】窗口。

图 3-42 选择【属性】选项

图 3-43 【网络和共享中心】窗口

(3)单击【以太网 2】链接,打开图 3-44 所示的【以太网 2 状态】对话框。

单击【属性】按钮,在打开的对话框中勾选【Internet 协议版本 4(TCP/IPv4)】复选框,单击【属性】按钮,打开【Internet 协议版本 4(TCP/IPv4) 属性】对话框,为计算机设置 IP 地址,如图 3-45 所示。按照同样的方式配置其他计算机的 IP 地址,其中,IP 地址规划如表 3-1 所示。

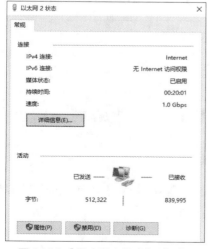

图 3-44 【以太网 2 状态】对话框

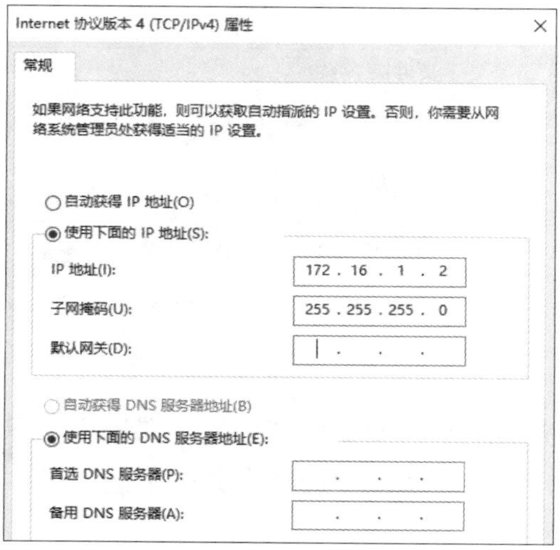

图 3-45 为计算机配置 IP 地址

表 3-1　IP 地址规划

设备	IP 地址	子网掩码
PC1	172.16.1.2	255.255.255.0
PC2	172.16.1.3	255.255.255.0
PC3	172.16.1.4	255.255.255.0
PC4	172.16.1.5	255.255.255.0

注意 1：在局域网内部的 IP 地址规划中，IP 地址的形式一般是 172.16.×.× 或 192.168.×.×。其中，× 可以是 1～254 的任意数字，在局域网中，每台计算机的 IP 地址应该是唯一的。局域网中的子网掩码一般设置为 255.255.255.0，单击空白处就会自动显示。

注意 2：如果不需要上网，默认网关保持空白即可；否则填写对应的默认网关。

3．测试网络连通性

按【Win+R】组合键，打开【运行】对话框，输入"CMD"，单击【确定】按钮，打开命令行窗口，输入"ping 172.16.1.1"命令，按【Enter】键。若结果如下，则表示网络正常连通。

```
C:\Users\Administrator>ping 172.16.1.1
正在 Ping 172.16.1.1 具有 32 字节的数据：
来自 172.16.1.1 的回复：字节=32 时间<1ms TTL=64
来自 172.16.1.1 的回复：字节=32 时间<1ms TTL=64
来自 172.16.1.1 的回复：字节=32 时间<1ms TTL=64
来自 172.16.1.1 的回复：字节=32 时间<1ms TTL=64
172.16.1.1 的 Ping 统计信息：
    数据包：已发送 = 4，已接收 = 4，丢失 = 0（0% 丢失），
往返行程的估计时间（以毫秒为单位）：
    最短 = 0ms，最长 = 0ms，平均 = 0ms
```

【实施过程二】共享宿舍网中的资源

在局域网中设置共享后，能快速地把资源从一台计算机传输到另一台计算机中。

（1）在计算机的桌面上双击【此电脑】图标，打开【此电脑】窗口，如图 3-46 所示。

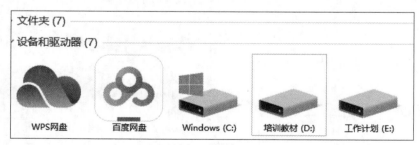

图 3-46　【此电脑】窗口

（2）选中某个磁盘或文件夹，然后单击鼠标右键，在弹出的快捷菜单中选择【属性】选项，在打开的对话框中选择【共享】选项卡，如图 3-47 所示。

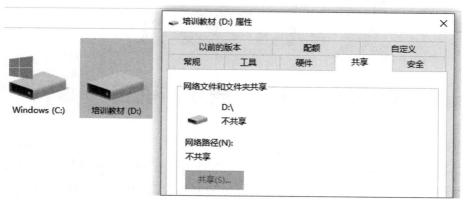

图 3-47 【共享】选项卡

（3）单击【共享】按钮，打开【高级共享】对话框，如图 3-48 所示。

（4）在【高级共享】对话框中勾选【共享此文件夹】复选框。在【共享名】文本框中输入共享资源的名称，也可以使用原来的磁盘名或文件夹名；【将同时共享的用户数量限制为】可以使用默认的数值，也可以对其进行修改；可以使用默认的权限，也可以单击【权限】按钮进行修改。

（5）在另一台计算机上双击【网络】图标，可以看到共享资源，如图 3-49 所示，双击就可以打开该共享资源。

（6）如果通过【网络】图标无法直接访问宿舍网中另外的计算机，则通过如下配置完成。

在本地计算机中打开【此电脑】窗口，在地址栏中输入"\\对方 IP 地址"或"\\对方计算机名"，按【Enter】键，在打开的窗口中就能看到宿舍网中邻居计算机共享的资源。

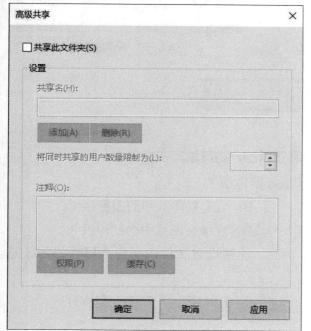

图 3-48 【高级共享】对话框

图 3-49 共享资源

科技之光

浪潮服务器的市场占有率位居全球前三

2020 年以来，在线教育、在线办公、直播购物、智能制造等应用场景层出不穷。各国政府相继出台财政刺激政策，以促进数字经济发展。服务器作为支撑数字经济的 IT 基础设施，其市场迎来强劲增长。根据 IDC 发布的 2020 年度全球服务器市场统计报告，美国市场厂商销售额小幅增长，市场占有率为 43.45%，同比增长 1.22%；我国市场厂商销售额的增长较为显著，市场占有率为 25.21%，同比增长 17.7%。其中，浪潮稳居我国市场第一，其服务器的销售额市场占有率提升至 35.6%，同比增长 33.3%。

IDC 统计报告显示，2021 年浪潮服务器市场占有率从 2020 年的全球排名第三上升至第二，并且在国内服务器市场继续保持第一。浪潮集团是我国本土的大型 IT 企业，是我国领先的云计算、大数据服务商。浪潮集团为全球 120 多个国家和地区提供 IT 产品和服务，正向云计算、大数据、智慧城市运营服务商转型，打造"云 + 数 +AI"新型互联网企业。图 3-50 所示为浪潮服务器。

图 3-50　浪潮服务器

认证试题

下面每一题的多个选项中，只有一个选项是正确的，将其填写在括号中。

1. Windows NT 6.0 网络操作系统中的打印服务器是指（　　　）。

　　A．安装了打印服务程序的服务器　　　　B．含有打印队列的服务器

　　C．连接了打印机的服务器　　　　　　　D．连接在网络中的打印机

2. Windows NT 6.0 网络操作系统安装成功后，能够设置文件访问安全属性的分区是（　　　）。

　　A．FAT32　　　　　B．NTFS　　　　　C．FAT16　　　　D．基本分区

3. 网络用户不包括（　　　）。

　　A．网络操作员　　　B．普通用户　　　C．系统管理员　　D．网络维修人员

4. 计算机网络的主要功能有（　　　）、数据通信和分布式计算。

　　A．资源共享　　　　　　　　　　　　　B．提高计算机的可靠性

C．共享数据库　　　　　　　　　　D．使用服务器上的硬盘

5．计算机网络的体系结构是指（　　　）。

A．计算机网络的分层结构和协议的集合　　B．计算机网络的连接形式

C．计算机网络的协议集合　　　　　D．由通信线路连接起来的网络系统

6．局域网中的硬件设备包括服务器、（　　　）、网络适配器、网络传输介质和组网设备。

A．发送设备和接收设备　　　　　　B．工作站

C．配套的插头和插座　　　　　　　D．代码转换设备

7．按照介质访问控制方法分类，局域网可以分为以太网、（　　　）和令牌总线网。

A．星形网　　　　　B．树形网　　　　　C．令牌环网　　　　D．环型网

8．为延伸计算机网络中的一个网段的通信电缆长度，应选择（　　　）。

A．网桥　　　　　　B．中继器　　　　　C．网关　　　　　　D．路由器

9．Windows NT 6.0 网络操作系统规定所有用户都是（　　　）组成员。

A．administrators　　　B．groups　　　　C．everyone　　　　D．guest

10．安装 Windows NT 6.0 网络操作系统时，自动产生的管理员用户名是（　　　）。

A．guest　　　　　　B．IUSR_NT　　　　C．administrator　　D．everyone

11．当交换机接收的数据信息的目的 MAC 地址，在 MAC 地址表中没有对应的表项时，采取的策略是（　　　）。

A．丢掉该分组　　　　　　　　　　B．将该分组分片

C．向其他端口广播该分组　　　　　D．不转发此帧并由桥保存起来

12．交换机工作在 OSI 参考模型的（　　　）。

A．第 1 层　　　　　B．第 2 层　　　　　C．第 3 层　　　　　D．第 4 层

13．局域网的典型特性是（　　　）。

A．高数据传输速率、大范围、高误码率

B．高数据传输速率、小范围、低误码率

C．低数据传输速率、小范围、低误码率

D．低数据传输速率、小范围、高误码率

14．集线器工作在 OSI 参考模型的（　　　）。

A．第 1 层　　　　　B．第 2 层　　　　　C．第 3 层　　　　　D．第 4 层

15．交换机色板处理的信息格式是（　　　）。

A．脉冲信号　　　　B．MAC 帧　　　　　C．IP 包　　　　　　D．ATM 包

单元4
了解局域网组网技术

04

技术背景

　　某学校要改造现有校园网，建设数字化校园网。改造的内容主要有：扩大办公网规模，提高校园网传输效率。针对办公区、教学区、宿舍区网络，使用高性能交换机进行优化；在网络中心增加备份设备，增强核心网络的稳定性。

　　本单元主要介绍如何使用交换机优化网络和扩大局域网范围。

技术导读

学习任务	能力要求	技术要求
任务 4.1　使用交换机优化网络	能够配置交换机	了解交换机的工作原理
任务 4.2　使用交换机扩大局域网范围	能够规划多区域办公网，能够使用交换机扩大局域网范围	了解局域网的通信机制，掌握交换机级联技术，掌握局域网优化技术

任务 4.1 使用交换机优化网络

任务描述

小明在宿舍上网，发现宿舍网的网速很慢，就去网络中心反映了此问题。网络中心的老师到宿舍楼排查后发现：宿舍楼的网络一直没有改造，还在使用早期的低端接入设备，所以网速很慢。

学校在进行二期校园网改造时，使用千兆交换机设备替换当前设备，以优化宿舍楼的网络，提高宿舍网的网速。

任务分析

采用集线器组建局域网时，集线器本身的性能限制会影响网络传输效率。当一个局域网中的接入设备比较多时，需要采用交换机做接入，这样可以大大提高网络的传输速率，优化局域网。

技术介绍

4.1.1 认识交换机

认识交换机

交换机是局域网的重要组网设备。交换机和集线器不同，集线器通过广播方式传输数据，如图4-1所示；而交换机依据MAC地址表传输数据，如图4-2所示，从而达到减少冲突、优化网络传输过程的目的。

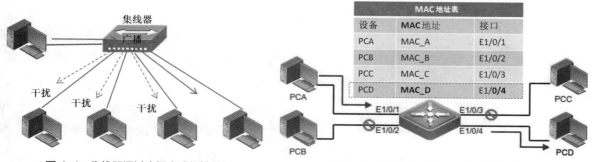

图 4-1　集线器通过广播方式传输数据　　　　图 4-2　交换机依据 MAC 地址表传输数据

在交换网络中，交换机依据 MAC 地址表转发网络中的数据。交换机通过接口把局域网分割为多个微分段网络，如图 4-3 所示，为每一台连接的主机提供全部带宽，这样网络中的主机都不必跟其他主机竞争带宽。

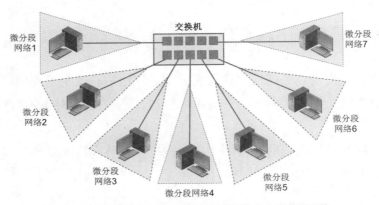

交换机
微分段
网络1
微分段
网络7
微分段
网络2
微分段
网络6
微分段
网络3
微分段网络4
微分段
网络5
图 4-3　交换机通过接口把局域网分割为多个微分段网络

图 4-4 所示为某局域网中的交换机，它的前面板有 24 个百兆接口和一个 Console 口，后面板有两个扩展插槽（光纤模块）。其中，前面板默认编号为 0，如果接口为 3，则该接口标识为 FastEthernet0/3 或 GigabitEthernet0/3。此外，Console 口用于配置交换机。

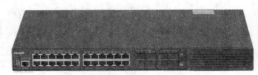

图 4-4　某局域网中的交换机

4.1.2　了解交换机的工作原理

交换机是一种低价、高性能和接口密集的局域网组网设备，依据 MAC 地址表智能地转发收到的数据，如图 4-5 所示。

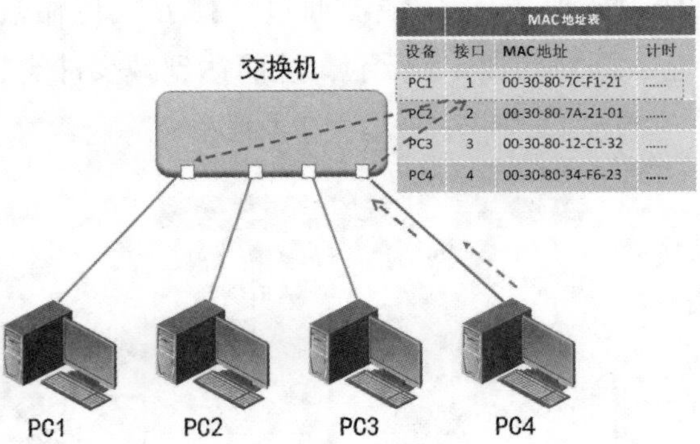

MAC 地址表
设备 接口 MAC地址 计时
PC1 1 00-30-80-7C-F1-21 ......
PC2 2 00-30-80-7A-21-01 ......
PC3 3 00-30-80-12-C1-32 ......
PC4 4 00-30-80-34-F6-23 ......
交换机
PC1
PC2
PC3
PC4
图 4-5　交换机基于 MAC 地址表转发数据

交换机先对收到的数据进行检查，读取数据中的源 MAC 地址，更新 MAC 地址表，然后根据数据中的目的 MAC 地址和 MAC 地址表过滤并转发数据。

因此，在使用交换机组建的网络中，每个数据都能被独立地从源端口交换至目的端口，独享带宽，避免发生冲突。其中，只有在 MAC 地址表中没有查到数据的情况下，交换机才用广播方式传输数据。

集线器和交换机都能用来组建局域网，在组网时它们有如下不同。

（1）从网络体系结构上看，集线器属于物理层设备，而交换机属于数据链路层设备。

（2）集线器在传输数据时，不对数据进行处理且采用广播方式，容易产生干扰。而交换机通过智能化学习，依据学习到的 MAC 地址表来过滤式转发收到的数据。

综上，交换机具有自动寻址、交换和处理数据等功能。与使用集线器组建的共享式局域网相比，使用交换机组建的局域网（见图4-6）具有更快的传输速率、更好的性能。

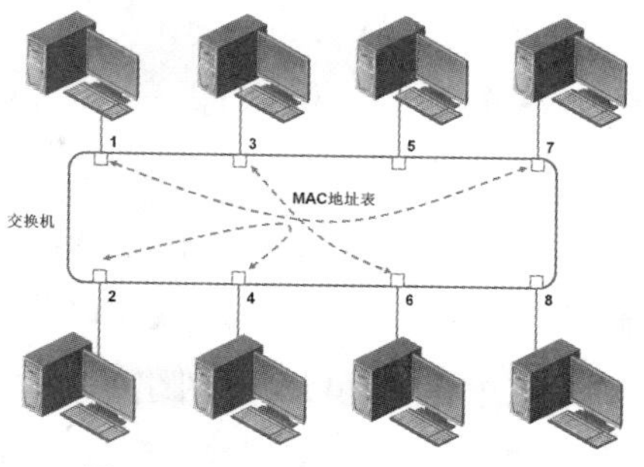

图 4-6　用交换机组建的局域网

4.1.3　了解交换机的组成

交换机可分为网管型交换机和非网管型交换机。其中，非网管型交换机不能配置和管理网络，但可以实现网络优化。非网管型交换机实际上就是一台高端的集线器设备，替代集线器提供网络中的终端设备接入功能。图 4-7 所示为非网管型交换机。

而网管型交换机可以管理和配置网络，以及优化网络传输，广泛应用在局域网中。要判断一台交换机是否为网管型交换机，可从外观上分辨，网管型交换机正面有 Console 口，如图 4-8 所示。

图 4-7　非网管型交换机

图 4-8　网管型交换机

1. 认识交换机硬件单元

交换机硬件单元包括接口、芯片（CPU、ASIC）、背板、RAM、Flash 存储器、ROM，下面分别介绍。

（1）接口：RJ-45 接口

交换机上广泛分布的 RJ-45 接口为以太网接口，速度为百兆、千兆不等，用于连接双绞线，如图 4-9 所示。

（2）接口：光纤接口

交换机的光纤接口以外接模块的形式出现，用于连接光缆，如图 4-10 所示。

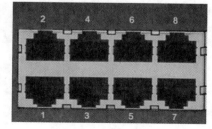

图 4-9　RJ-45 接口

图 4-10　不同类型的光纤接口

（3）接口：Console 口

网管型交换机都有一个 Console 口，该接口用于配置交换机，如图 4-11 和图 4-12 所示。

Console 口通过专门的 Console 线，连接计算机的 COM 口。图 4-13 所示为 Console 线（COM 口和 USB 口）。

之前的 Windows 网络操作系统都自带一种叫作"超级终端"的软件，用来连接和配置交换机。但是，Windows 7 及之后的网络操作系统都不再提供该软件，必须使用第三方终端仿真软件来连接和配置交换机等网络设备。

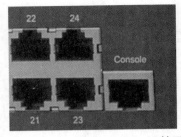

图 4-11　Console 口：RJ-45 接口

图 4-12　Console 口：9 针串口

图 4-13　Console 线（COM 口和 USB 口）

（4）CPU 芯片

交换机的 CPU 芯片是控制和管理交换机，实现网络通信，以及执行网络管理功能的核心芯片，如图 4-14 所示。交换机的 CPU 芯片可以执行生成树协议、路由协议、地址解析协议等。

（5）ASIC 芯片

专用集成电路（Application Specific Integrated Circuit，ASIC）芯片是专门设计的集成电路芯片。ASIC 芯片可以直接转发从接口收到的网络中的数据，使交换机具备高速转发功能，图 4-15 所示为交换机背板上安装的多块 ASIC 芯片。

图 4-14　交换机的 CPU 芯片

图 4-15　交换机的 ASIC 芯片

（6）背板

交换机的背板为交换机的业务板卡和控制板卡提供连接槽位，是交换机各接口之间的连接通道，如图 4-16 所示。各接口的板卡通过背板上的总线来进行连接和通信。

背板带宽是指交换机接口处理器和数据总线之间的最大数据吞吐量。背板带宽越高，交换机处理数据的能力越强，设计成本也越高。

图4-16　交换机背板

（7）RAM

交换机的随机存储器（Random Access Memory，RAM）是交换机的运行内存，在交换机启动时辅助CPU，存储交换机正在计算的数据和运行的程序。由于 RAM 在断电时会丢失存储的内容，因此，配置完成的参数信息要及时保存。

（8）Flash 存储器

交换机的 Flash 存储器（闪存）是可读写存储器。在交换机的系统重新启动或关机之后，Flash 存储器仍能保存程序和数据，此外，它还能保存交换机的操作系统软件和配置文件。

（9）ROM

交换机的只读存储器（Read-Only Memory，ROM）在交换机中的功能与在计算机中相似，主要保存着加电自测试诊断所需的指令、系统引导程序等，负责交换机系统初始化，其中存放的信息不能修改。

2. 认识交换机中的操作系统软件

图 4-17 所示为安装在交换机中的操作系统软件，通过这些操作系统软件可实现网络互联和网络优化。不同的厂商使用自己独立开发的操作系统软件，形成了以华为交换机为代表的命令体系和以思科、锐捷交换机为代表的命令体系。

图4-17　安装在交换机中的操作系统软件

4.1.4　配置交换机

对交换机进行配置和管理有以下 4 种方式。

● 通过带外方式对交换机进行管理。

● 通过 Telnet 对交换机进行远程管理。

● 通过 Web 对交换机进行远程管理。

● 通过 SNMP 管理工作站对交换机进行远程管理。

第一次配置交换机必须使用 Console 口和专用的 Console 线。在配置交换机的过程中，因为配置程序不占用网络带宽，所以这种方式称为带外方式。

其他 3 种方式都是通过网线连接交换机以太网接口、通过 IP 地址访问交换机的管理 IP 地址的方式实现的，这些方式统称为带内方式。

配置交换机的 4 种方式如图 4-18 所示。

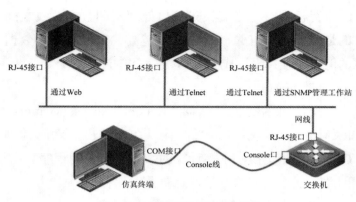

图 4-18　配置交换机的 4 种方式

1. 配置"超级终端"软件

第一次配置交换机时需要使用 Console 线，将 Console 线的一端连接交换机的 Console 口，另一端连接计算机的 COM 口（或使用 USB 线缆连接 USB 口），如图 4-19 所示。

早期的 Windows 网络操作系统提供了"超级终端"软件用于配置交换机。依次选择【开始】→【程序】→【附件】→【通信】→【超级终端】选项，如图 4-20 所示，打开计算机中的"超级终端"软件。

按照向导，分别在打开的【连接描述】【连接到】等对话框中进行配置。其中，设置的连接参数如图 4-21 所示。

图 4-19　配置交换机连接

图 4-20　"超级终端"选项

连接成功，显示图 4-22 所示的界面。

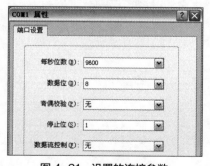

图 4-21　设置的连接参数

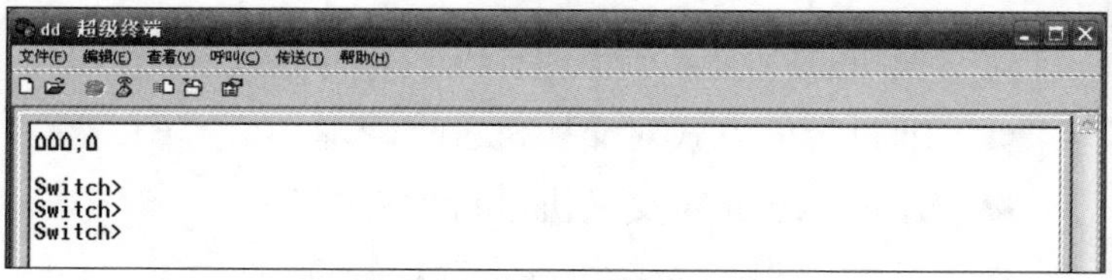

图 4-22　连接成功界面（1）

Windows 7 及之后的网络操作系统不再提供"超级终端"软件（出于安全考虑）。必须使用第三方终端仿真软件连接和配置交换机等网络设备，如 PuTTY、Xshell、SecureCRT 等。这里以 SecureCRT 为例，介绍使用第三方终端仿真软件连接和配置交换机的方法。该软件是一款开源软件，安装并运行后，连接参数的设置如图 4-23 所示。

连接成功，显示图 4-24 所示的界面，然后就可以通过计算机配置和管理交换机。

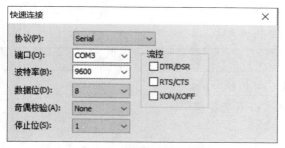

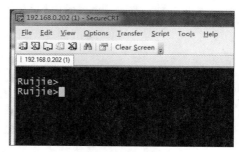

图 4-23　连接参数的设置　　　　　　　　　图 4-24　连接成功界面（2）

2. 认识交换机的工作模式

根据配置内容的不同，交换机的工作模式可分为 3 种：用户模式、特权模式、配置模式。

其中，配置模式又分为全局配置模式、接口配置模式、VLAN 配置模式、线程配置模式，限于篇幅，以下仅仅列举前 2 种模式。

（1）用户模式：Switch>

仿真终端计算机和交换机建立连接后处于用户模式。在用户模式下，交换机只能使用少量命令，命令的操作结果不会被保存。

（2）特权模式：Switch#

从用户模式进入特权模式的命令是"enable"。在特权模式下，用户可使用的命令很多，包含很多操作交换机的命令。

```
Switch>enable
Switch#
```

（3）全局配置模式：Switch(config) #

使用"configure terminal"命令可进入全局配置模式。在全局配置模式下执行配置命令，会对当前交换机的运行产生影响。

```
Switch#configure terminal
Switch(config)#
```

（4）接口配置模式：Switch(config-if)#

在全局配置模式下，使用"interface"命令可进入接口配置模式。

```
Switch#configure terminal
Switch(config)#
Switch(config)#interface fastethernet 0/1
Switch(config-if)#
```

在任意模式下，使用"exit"命令或"end"命令，或者按【Ctrl+Z】组合键，就可以离开该模式返回上一级工作模式或者退回到用户模式。

3. 获取帮助的方法

在命令提示符后输入"?"，在命令行窗口的显示区域中将列出当前模式支持的所有命令或每条命令的参数。按【Tab】键可以自动补齐剩余命令。详细的获取帮助的方法如表4-1所示。

表4-1　获取帮助的方法

方法	说明
Help	在任何工作模式下，获得帮助信息
命令字符串 +?	Switch#di?　! 显示 di 开头完整单词 Dir　disable
命令字符串 + 按【Tab】键	Switch#show conf <Tab>　! 使用【Tab】键自动补齐完整单词 Switch#show configuration
使用?列出下一个关键字	Switch#show ?　!　查看后面参数
命令?	列出该关键字的下一个变量 Switch(config)#snmp-server community ? !　下一个关键字 WORD SNMP community string

4. 简写命令的方法

简写命令，即只输入命令的一部分字符，但要求系统能通过这部分字符唯一识别该命令。如"show running-config"命令可简写成如下命令。

```
Switch#sh run
```

如果输入命令的字符不足，则系统会给出"Ambiguous command"错误提示，如下所示。

```
Switch#show access
%  Ambiguous command:"show access"
```

4.1.5　任务实施：配置交换机

任务描述

小明想要向网络中心的老师学习交换机配置技术，为后续网络管理和维护工作做好准备。图4-25所示为配置交换机的连接拓扑。

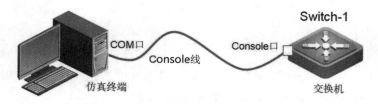

图4-25　配置交换机的连接拓扑

实施过程

配置终端仿真软件,连接成功后,进入交换机的命令配置状态。

1. 配置交换机名称

配置交换机名称,帮助管理者区分网络内的每一台交换机。

```
Switch>                                  ! 普通用户模式
Switch>enable                            ! 进入特权模式
Switch#configure terminal                ! 进入全局配置模式
Switch(config)#hostname Switch-1         ! 设置网络设备名称为 Switch-1
Switch-1(config)#                        ! 名称已经修改
```

2. 查看交换机版本信息

```
Switch-1#show version                    ! 查看交换机版本信息
System description: Red-Giant Gigabit Intelligent Switch(S2928G) By Ruijie  Network
System uptime          : 0d:0h:43m:28s
System hardware version : 3.0           ! 设备的硬件版本信息
System software version : 1.61(4) Build Sep  9 2021 Release
System BOOT version    : RG-S2928G-BOOT  01-02-02
System CTRL version    : RG-S2928G-CTRL  03-09-03
Running Switching Image : Layer2          !  表示此交换机是二层交换机
```

3. 配置交换机接口参数

交换机的 FastEthernet 接口的默认速率是 100Mbit/s,双工模式默认为自适应。交换机的接口速率、双工模式可以配置。所有交换机接口均正常开启默认速率。

```
Switch#configure terminal
Switch(config)#interface fastethernet 0/3     ! 进入接口配置模式
Switch (config-if)#description "This is a Accessport."! 配置接口的描述信息,作为提示
Switch(config-if)#speed 10                ! 配置接口速率为10Mbit/s
Switch(config-if)#duplex full             ! 配置接口的双工模式为全双工
Switch(config-if)#no shutdown             ! 开启该接口,使接口转发数据
Switch(config-if)#exit
! 接口速率参数有100(100Mbit/s)、10(10Mbit/s)、auto(自适应),默认是100Mbit/s
! 接口工作模式有 full(全双工)、half(半双工)、auto,默认是 auto
```

4. 查看交换机接口的配置信息

```
Switch#show  interface fastethernet 0/3
fastethernet 0/1 is UP , line protocol is UP    ! 接口状态为UP
Hardware is marvell fastethernet
Description: "This is a Accessport."            ! 接口的描述信息
Interface address is: no ip address
MTU 1500 bytes, BW 10000 Kbit                   ! 接口带宽为10Mbit/s(默认为100Mbit/s)
......
```

5. 为交换机配置管理地址

```
Switch(config)#
Switch(config)#interface vlan 1          ! 打开交换机管理 vlan 1
Switch(config-if)#ip address 192.168.1.1  255.255.255.0
```

```
Switch(config-if)#no shutdown
Switch(config-if)#exit
```

6. 保存交换机配置

使用以下命令把配置保存到交换机的存储器中，以便下次使用，使用其中一条命令即可。

```
Switch#copy running-config startup-config        ! 保存配置（可选）
……
Switch#write       ! 保存配置（可选）
```

7. 查看交换机的配置信息

```
Switch#show   interfaces fastethernet 0/3        ! 查看交换机指定接口信息
……
Switch#show   vlan                               ! 查看 vlan 信息
……
Switch#show   running-config                     ! 查看配置信息
……
```

8. 重启交换机

如果交换机系统死机，读者没有保存配置信息，交换机会继续使用配置前的配置信息。在特权模式下直接输入"reload"命令可重启交换机。

```
Switch#reload       ! 重启交换机
```

任务 4.2　使用交换机扩大局域网范围

 任务描述

在小明就读的学校，随着学生数量增多，设备也越来越多。因此，需要把更多办公区中的计算机接入校园网，通过网络互联技术，组建多办公区的校园网，即多区域办公网。

 任务分析

组建多区域办公网时，可以使用交换机把更多的计算机接入局域网中，以扩大局域网范围。其中，交换机之间的互联涉及交换机的级联技术，使用该技术，可以把更多的网络设备接入网络，实现网络互联互通。

技术介绍

4.2.1　规划多区域办公网

　　规划多区域办公网时，需要连接更多的计算机，使用更多的组网设备，多区域办公网中的交换机连接场景如图 4-26 所示。由于使用了更多的组网设备，不同设备之间可能会产生广播风暴、冲突等现象，因此给中等规模办公网的传输速率及稳定性带来了更大的挑战。

　　图 4-27 所示为某校园网中多区域的网络拓扑，其使用交换机把分布在校园内不同区域的网络连接了起来，形成了一个共享的校园网系统。

　　由于以太网广播传输机制的限制，接入网

图 4-26　多区域办公网中的交换机连接场景

络中的设备越多，给网络带来的负担就越重，而过重的负担会造成网络传输效率下降，因此，中等规模的局域网需要使用更先进、速度更快的交换机，以加快网络中的信息传输过程。

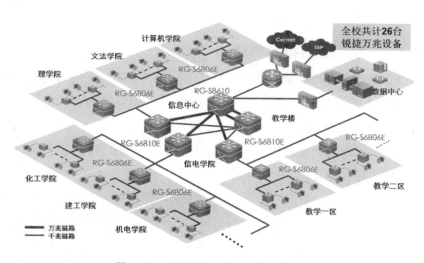

图 4-27　某校园网中多区域的网络拓扑

4.2.2　了解局域网的通信机制

1. 早期局域网使用广播方式通信

　　在早期局域组网过程中，多台终端设备共享一根电缆（同轴电缆），每次只允许一个用户使用共享电缆传输信息，如果其他用户也想传输信息，就需要等待共享电缆空闲后才可以传输。图 4-28 所示为早期的以太网通信场景。

广播是早期以太网最基本的传输方式。虽然广播的传输效率很高，但也可能产生广播风暴。在以太网中使用集线器进行广播通信，如图 4-29 所示。

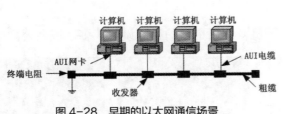

图 4-28   早期的以太网通信场景

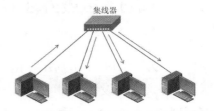

图 4-29   在以太网中使用集线器进行广播通信

2. 了解局域网中的冲突

随着办公网范围的扩大，更多的设备连接到网络中。如果多台设备都想传输信息，就会竞争共享的设备，容易产生信号叠加，这就是冲突，如图 4-30 所示。

冲突越多，传输效率就越低。冲突是以太网中的正常现象，但过多的冲突会降低网络传输速率。因此，规划网络时可以通过设计网络最小化和冲突本地化，尽量避免冲突。

图 4-30   冲突

3. 局域网使用带冲突检测的传输机制

为了避免网络中的设备在传输信息的过程中产生冲突，美国施乐公司使用 CSMA/CD（一种带冲突检测的传输机制）来解决冲突问题，提高局域网中设备竞争的信道的利用率。

使用 CSMA/CD 的步骤如下。

传输前先确定共享信道是否空闲，如果忙碌则等待，直到空闲再传输。在传输的过程中，随时检测网络传输状况，避免发生冲突。

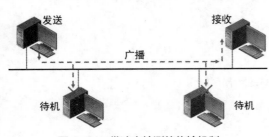

图 4-31   带冲突检测的传输机制

使用带冲突检测的传输机制，可以避免在共享信道中发生冲突，提高传输效率，如图 4-31 所示。

CSMA/CD 并没有从根本上解决局域网中的广播传输问题。早期的共享式局域网使用"带宽竞争"机制减少局域网中的冲突，但仍不可避免。只有使用交换技术才可以大大改善共享信道上的冲突现象。

4.2.3   构建交换式办公网

早期的局域网使用的都是传统的、共享式以太网组网技术，该技术不能满足大幅扩大网络范围的需求。因此，在组建中等规模网络的过程中，需使用高性能交换机来优化网络传输，如图 4-32 所示。

在网络规模增大的情况下，共享式局域网会变得拥挤，传输速率也会变得越来越低。20世纪 80 年代，交换式局域网应运而生，如图 4-33 所示。

使用高性能交换机组建交换式局域网，大大地提高了局域网的传输效率。

图 4-32　高性能交换机

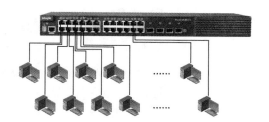

图 4-33　交换式局域网

登录到交换机的操作系统中，通过"show mac-address-table"命令，可以查询到交换机的 MAC 地址表，如表 4-2 所示。

表 4-2　交换机的 MAC 地址表

MAC 地址	接口	vlan
00-10-B5-4B-30-85	FastEthernet 0/1	1
00-10-B5-4B-30-90	FastEthernet 0/2	1
00-10-B5-4B-30-73	FastEthernet 0/3	1
00-10-B5-4B-30-15	FastEthernet 0/4	1
00-10-B5-4B-30-40	FastEthernet 0/5	1
……	……	……

4.2.4　使用交换机优化局域网传输性能

在局域网中，交换机可以通过学习建立 MAC 地址表，然后基于 MAC 地址实现交换式转发；而不像集线器那样通过广播方式传输信息，大大提高了网络传输速率。

1. 了解交换机的基本功能

安装在局域网中的交换机通常都具有以下 3 个基本功能。

（1）智能学习：交换机每收到一个数据帧，都会解析数据帧中的源 MAC 地址，然后使用源 MAC 地址更新 MAC 地址表，并将源 MAC 地址和相应接口映射存放在 MAC 地址表中。

（2）过滤式转发：交换机每收到一个数据帧，都会解析出目的 MAC 地址，然后依据MAC 地址表将其转发到连接的目的接口，而不是广播给所有接口。

（3）消除网络中的环路：在具有冗余和备份环路的网络中，交换机通过生成树协议自动消除网络中的环路，进而减少网络中的广播风暴。

2. 了解交换机的转发原理

交换机通过 ASIC 芯片来转发信息，由于该方式采用硬件转发，因此在网络中传输的速率很高，是一个"处处交换"的优质方案。在星形拓扑局域网中，交换机为连接设备提供一条独享的点到点信道，这样能避免发生冲突，提供比集线器更高的传输速率。

交换机依据 MAC 地址表转发信息，使每一个数据帧都独立地从源接口转发至目的接口。与用集线器组建的共享式局域网不同，用交换机组建局域网时，交换机会为任意两个接口建立一条独立信道，该信道用于交换式传输，大大提高了数据帧传输效率，如图 4-34 所示。

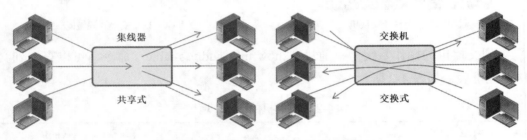

图 4-34　共享式局域网和交换式局域网

4.2.5　使用交换机级联网络

1. 什么是交换机级联技术

交换机级联技术就是使用普通网线将交换机接口连接在一起，实现更大范围的网络通信，如图 4-35 所示。

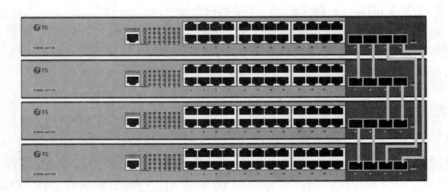

图 4-35　交换机级联技术

使用交换机级联技术，一方面可以解决单台交换机接口不足的问题，另一方面可以延伸网络距离。因为普通网线的传输距离为 100 米，每级联一台交换机就能延伸 100 米的传输距离。当有 4 台交换机级联时，传输距离可达 500 米，即可以实现在一座建筑内组建一个中等规模的局域网。图 4-36 所示为多层交换机之间的级联。

图 4-36　多层交换机之间的级联

　　交换机不能无限制地级联，因为当进行级联的交换机超过一定数量时，就会引起广播风暴，导致网络性能下降。建议部署三级级联：核心交换机→汇聚交换机→接入交换机，如图 4-37 所示。这里的三级不是指 3 台交换机，而是 3 个层次。

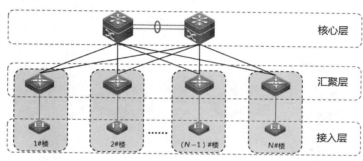

图 4-37　三级级联

2．级联口

级联口分为 Uplink 口和普通口。

（1）使用 Uplink 口级联

有些交换机配置了 Uplink 口。Uplink 口为上行口，它可以通过网线连接至其他交换机的以太网接口，如图 4-38 所示。

（2）使用普通口级联

现在更多使用以太网接口（普通口）实现交换机之间的级联，也就是使用网线将两台交换机的以太网接口连接在一起，从而扩展接口数量，延伸网络距离，如图 4-39 所示。

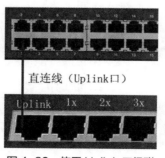

图 4-38　使用 Uplink 口级联

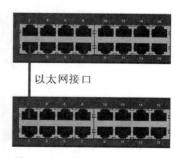

图 4-39　使用以太网接口级联

4.2.6 任务实施：组建多区域办公网

任务描述

　　学校的网络中心要实施改造，扩大网络范围，把更多的办公区接入校园网，组建一个多区域办公网，实现网络的互联互通。

实施过程

1. 组建多区域办公网

　　使用网线实现交换机之间的级联，组建多区域办公网，如图 4-40 所示。

图 4-40　组建多区域办公网

2. 配置 IP 地址

　　先给设备通电，使设备能稳定运行，同时保证网络连接稳定。然后为计算机配置 IP 地址，IP 地址规划如表 4-3 所示，配置过程如下。

表 4-3　IP 地址规划

设备	IP 地址	子网掩码
计算机 1	192.168.1.10	255.255.255.0
	192.168.1.1	255.255.255.0（默认网关）
计算机 2	192.168.1.2	255.255.255.0
	192.168.1.1	255.255.255.0（默认网关）

　　在一台计算机的桌面上使用鼠标右键单击【网络】图标，在弹出的快捷菜单中选择【属性】选项，打开【网络和共享中心】窗口，如图 4-41 所示。

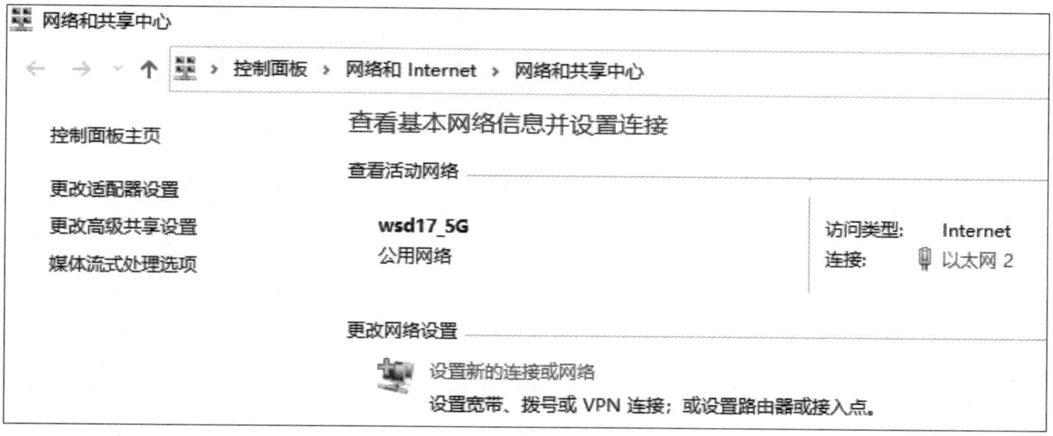

图4-41 【网络和共享中心】窗口

单击【以太网2】链接，打开【以太网2状态】对话框，单击【属性】按钮，在打开的对话框中勾选【Internet协议版本4(TCP/IPv4)】复选框，单击【属性】按钮，打开【Internet协议版本4(TCP/IPv4) 属性】对话框，配置计算机的IP地址，如图4-42所示。按照同样的方法，配置网络中其他计算机的IP地址。

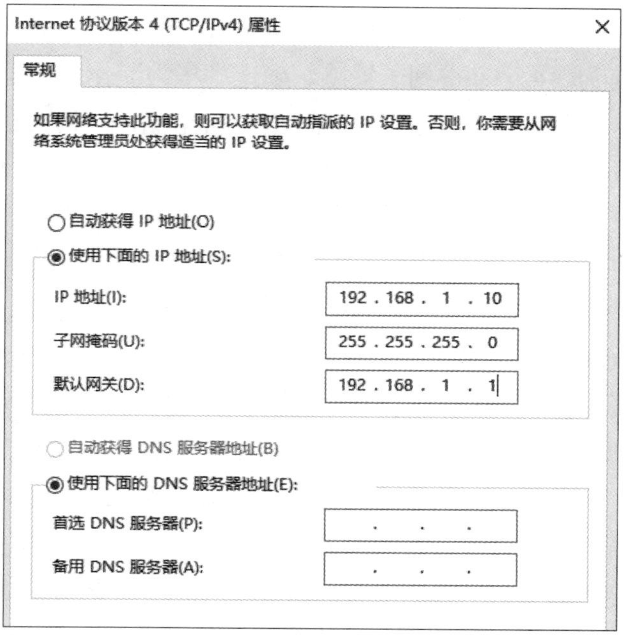

3. 测试网络连通性

按【Win+R】组合键，打开【运行】对话框，输入"CMD"，单击【确定】按钮，打开命令行窗口，执行ping命令。若结果如下，则表示网络正常连通。

图4-42 配置计算机的IP地址

```
C:\Users\Administrator>ping 192.168.1.2
正在 ping 192.168.1.2 具有 32 字节的数据：
来自 192.168.1.2 的回复：字节=32 时间<1ms TTL=64
来自 192.168.1.2 的回复：字节=32 时间<1ms TTL=64
来自 192.168.1.2 的回复：字节=32 时间<1ms TTL=64
来自 192.168.1.2 的回复：字节=32 时间<1ms TTL=64
192.168.1.2 的 ping 统计信息：
    数据包：已发送 = 4，已接收 = 4，丢失 = 0 (0% 丢失)，
往返行程的估计时间（以毫秒为单位）：
    最短 = 0ms，最长 = 0ms，平均 = 0ms
```

科技之光

华为交换机研发史：C&C08 数字程控交换机

20 世纪 90 年代，国外通信产品占据了我国主要市场，这些产品主要来自日本的 NEC 公司和富士通公司、美国的朗讯公司和思科公司、加拿大的北电网络公司、瑞典的爱立信公司、德国的西门子公司、比利时的 BTM 公司和法国的阿尔卡特公司，此时，我国的通信工业处在一个非常困难的时期。

1987 年 9 月，任正非从南油集团辞职，与其他五人合伙注册了"深圳市华为技术有限公司"。任正非曾在一次采访中说，创建公司时遇到了"世纪难题"——取名。他从"中华有为" 4 个字得到了灵感，确定"华为"作为公司名称。

早期的华为主要代理我国香港鸿年公司的 HAX 交换机，该产品质量较好，又比进口产品便宜。当时，任正非创立华为还不到 5 年，处于艰难创业期。为了提升国产交换机整体水平，他带领华为走上了自主研发这条坎坷之路。

1989 年，华为通过购买散件，组装了 BH01 型交换机，该交换机应用于小型医院、矿山。1991 年，华为推出了 BH03 型交换机。1992 年，华为推出的 HJD48 系列交换机，使公司销售额突破了 1 个亿。1993 年，在任正非的充分信任下，华为的研发团队克服重重困难，历时一年，完成了国产交换机研发的艰巨任务，华为 C&C08 数字程控交换机（见图 4-43）研发成功，开启了国产交换机的腾飞之路。

其后，华为在光传输网络、移动及固定交换网络、数据通信网络领域与爱立信、阿尔卡特、思科等公司共同发展。2021 年，华为营收超过 6000 亿元，成为国内最大的民营企业、全球著名的数据通信厂商，成为我国走自主研发科技发展道路上的一面旗帜。

今天，我国已经成为全球通信设备的主要生产基地，是世界上最大的数据通信产品生产商和网络建设方案提供商之一。

图 4-43　华为 C&C08 数字程控交换机

认证试题

下面每一题的多个选项中，只有一个选项是正确的，将其填写在括号中。

1. 下面关于集线器的描述不正确的是（　　　）。

   A. 集线器工作在 OSI 参考模型第一、第二层

   B. 集线器可放大信号、增大网络传输距离

   C. 集线器上连接的所有设备同属于一个冲突域

   D. 集线器支持 CSMA/CD

2. 下列对双绞线线序 568A 排序正确的是（　　　）。

   A. 白绿、绿、白橙、蓝、白蓝、橙、白棕、棕

   B. 绿、白绿、橙、白橙、蓝、白蓝、棕、白棕

   C. 白橙、橙、白绿、蓝、白蓝、绿、白棕、棕

   D. 白橙、橙、绿、白蓝、蓝、白绿、白棕、棕

3. 要通过 Console 口管理交换机，在"超级终端"软件里应设置（　　　）。

   A. 波特率为 9600、数据位为 8、停止位为 1、奇偶校验为无

   B. 波特率为 57600、数据位为 8、停止位为 1、奇偶校验为有

   C. 波特率为 9600、数据位为 6、停止位为 2、奇偶校验为有

   D. 波特率为 57600、数据位为 6、停止位为 1、奇偶校验为无

4. 下列可用的 MAC 地址是（　　　）。

   A. 00-00-F8-00-EC-G7

   B. 00-0C-1E-23-00-2A-01

   C. 00-00-0C-05-1C

   D. 00-D0-F8-00-11-0A

5. 通常，以太网互联设备采用（　　　）协议以支持总线型结构。

   A. 总线型　　　　　　　B. 环形　　　　　　C. 令牌环　　　　　　D. CSMA/CD

6. 下列不属于交换机工作模式的是（　　　）。

   A. 特权模式

   B. 用户模式

   C. 接口配置模式

   D. 全局配置模式

   E. VLAN 配置模式

   F. 线路配置模式

7. 下列方式中不能对交换机进行配置的是（　　　）。

   A. 通过 Console 口进行本地配置

   B. 通过 Web 进行配置

   C. 通过 Telnet 进行配置

   D. 通过 FTP 进行配置

8. 下列选项中，属于集线器功能的是（　　　）。

   A. 加快局域网的上传速度

   B. 加快局域网的下载速度

C.　作为连接各计算机线路的媒介　　　　D.　以上皆是

9.　网桥是一种工作在（　　　）层的存储转发设备。

A.　数据链路　　　　B.　网络　　　　C.　应用　　　　D.　传输

10.　下列说法正确的是（　　　）。

A.　集线器可以对接收到的信号进行放大　　B.　集线器具有信息过滤功能

C.　集线器具有路径检测功能　　　　D.　集线器具有交换功能

11.　（　　　）是 Internet 中最重要的设备，它是网络与网络连接的桥梁。

A.　中继站　　　　B.　集线器　　　　C.　路由器　　　　D.　服务器

12.　（　　　）可以看作一种多端口的网桥设备。

A.　中继器　　　　B.　交换机　　　　C.　路由器　　　　D.　集线器

13.　交换机如何知道将帧转发到哪个端口？（　　　）。

A.　用 MAC 地址表　　　　B.　用 ARP 地址表

C.　读取源 ARP 地址　　　　D.　读取源 MAC 地址

14.　以太网交换机的每一个端口可以看作一个（　　　）。

A.　冲突域　　　　B.　广播域　　　　C.　管理域　　　　D.　阻塞域

15.　交换机如果没有在 MAC 地址表中查找到目的 MAC 地址，就会（　　　）。

A.　把数据帧复制到所有端口　　　　B.　把数据帧单点传送到特定端口

C.　把数据帧发送到除本端口以外的所有端口　　D.　丢弃该数据帧

16.　下面描述正确的是（　　　）。

A.　集线器不能延伸网络的可操作距离　　B.　集线器不能在网络上发送变弱的信号

C.　集线器不能过滤网络流量　　　　D.　集线器不能放大变弱的信号

17.　下列关于以太网交换机的说法正确的是（　　　）。

A.　以太网交换机是一种工作在网络层的设备

B.　以太网交换机最基本的通信方式是广播传输

C.　生成树协议解决了以太网交换机组建虚拟私有网的需求

D.　使用以太网交换机可以隔离冲突域

18.　下列选项中，可以正确地表示 MAC 地址的是（　　　）。

A.　0067.8GCD.98EF　　　　B.　007D.7000.ES89

C.　0000.3922.6DDB　　　　D.　0098.FFFF.0AS1

19.　下列选项中，属于带外方式的是（　　　）。

A.　Console 口管理　　B.　Telnet 管理　　C.　Web 管理　　D.　SNMP 管理

单元5
掌握OSI参考模型

05

技术背景

　　小明在学校的网络中心做网络管理员。为了帮助小明提升日常工作水平，以承担更多机房管理工作，网络中心的老师建议小明系统学习一下 OSI 参考模型，掌握网络标准化知识。

　　本单元主要讲解 OSI 参考模型的相关知识，帮助学生掌握经典的 OSI 参考模型和数据在网络中的传输过程，认识网络通信中各层对应的硬件和软件。

技术导读

学习任务	能力要求	技术要求
任务 5.1　了解 OSI 参考模型	能够区分 OSI 参考模型中的各层	了解网络通信体系结构，熟悉 OSI 参考模型的基础知识
任务 5.2　掌握 OSI 参考模型各层的内容	掌握数据在网络中的传输过程	掌握 OSI 参考模型中各层的功能，了解 OSI 参考模型中各层对应的设备

任务 5.1　了解 OSI 参考模型

任务描述

　　小明在学校的网络中心做网络管理员，利用课余时间去机房值班，帮助网络中心的老师完成多媒体教室中计算机的日常维护，如制作网线、安装软件、配置 IP 地址等工作。

　　为了让小明能承担更多机房管理工作，网络中心的老师建议小明系统学习一下 OSI 参考模型的相关知识。

任务分析

　　OSI（Open System Interconnection）参考模型，即开放系统互连参考模型，是 20 世纪 80 年代由国际标准化组织（International Organization for Standardization，ISO）制定的网络通信标准模型，是所有网络硬件和网络软件厂商在开发产品时，必须采用的网络通信标准模型。OSI 参考模型描述了在网络通信过程中每一个通信环节需要遵守的标准，以及需要使用的网络通信协议和实现的网络通信内容。

知识介绍

5.1.1　了解网络通信体系结构

1. 了解网络通信协议的组成

　　3.2.3 小节介绍了什么是网络通信协议，下面介绍网络通信协议的组成，它由 3 部分组成：语义、语法和时序。

　　语义决定通信双方对话的类型。语义解释传输数据中每一部分的含义，规定了发送端设备需要发出何种控制数据，以及要完成的动作与响应。例如，在通信过程中，传输的报文由什么组成、哪些是控制数据、哪些是通信内容等都是网络通信协议要解决的语义问题。

　　语法决定通信双方对话的格式。语法包含用户数据与控制数据的结构，以及数据出现顺序的意义，表示通信双方的设备要怎么做。例如在通信过程中，传输报文的组织形式、报文内容的顺序等都是网络通信协议要解决的语法问题。

　　时序决定通信双方的应答关系。在通信过程中，双方何时通信、先讲什么、后讲什么、双方协商的通信速度等，都是网络通信协议要解决的时序问题，即对事件顺序进行详细说明，表示在通信的过程中，通信双方应该在什么时候开始通信。

2. 了解网络通信过程的层次结构

网络通信是一个复杂的过程，网络通信节点之间的链路也很复杂。在制定网络通信协议的时候，需要把复杂的网络通信过程分解成简单的层次化模型。

在生活中，人们可以通过信件交流，信件的邮寄过程由不同人分步、协同完成，信件邮寄过程的分层设计如图5-1所示。

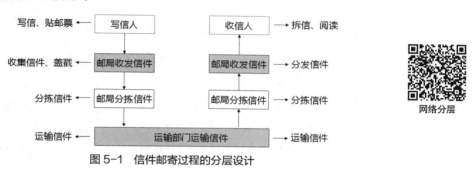

图5-1 信件邮寄过程的分层设计

网络通信过程也使用分层设计思想。在网络通信过程中，每个节点都划分有相同的层次结构，不同节点中的相同层次应具有相同的通信功能。此外，在设计分层通信时，需要考虑以下内容。

（1）网络通信过程应该具有哪些层次，每一层的功能是什么（分层与功能）。

（2）各层之间的关系是什么，它们如何进行交互（服务与接口）。

（3）通信双方在传输信息时，需要遵循哪些规则（协议）。

因此，网络通信过程的层次结构包括协议、接口和实体3方面的内容，如图5-2所示。

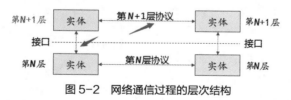

图5-2 网络通信过程的层次结构

协议是为实现网络通信而建立的规则、标准和约定的集合。

接口是相邻层之间的交互工具，定义相邻层之间的操作及下层对上层的服务。服务指某一层及其下各层通过接口提供给其相邻上层的一种功能。

实体是发送和接收信息所涉及的内容和相应的设备。网络通信的每一层都包含多个实体，处于同一层的实体称为对等实体。

3. 层次化网络通信设计的思想

层次化网络通信设计就是将网络通信中涉及的复杂问题划分成若干层中的简单问题。通常把一组相近的功能放在一起，形成网络通信过程的一个结构层次。

图5-3所示为层次化网络通信设计模型。通常将网络通信过程的层次结构、相同层次的

网络通信协议集合和相邻层的接口及服务内容，统称为计算机网络体系结构。

4. 划分层次结构的优越性

网络通信过程被分层设计后，具有如下特点。

（1）网络通信过程被划分成功能模块，结构清晰，易于实现和维护。

（2）在网络通信过程中，层与层之间定义了兼容性标准接口，可使设计人员专心设计功能模块。

（3）每一层有很强的独立性，上层只需要通过层间接口就能知道下层提供什么样的服务，并不需要了解下层的具体内容，这类似于黑箱理论。

（4）服务和接口可能改变，层内的实现方法可任意改变。

（5）同一节点内相邻层之间通过接口通信。

（6）各层的功能通过协议实现。

（7）不同节点的同等层具有相同的功能。

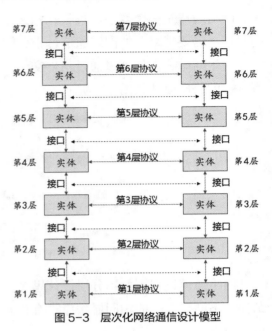

图 5-3　层次化网络通信设计模型

5.1.2　熟悉 OSI 参考模型的基础知识

1. 网络通信标准模型历史

在经典的网络通信标准模型——OSI 参考模型出现之前，已经存在很多网络通信标准模型。其中，IBM 公司的 SNA 通信模型和 DEC 公司的 DNA 通信模型最有名，但这些不同公司开发的网络通信标准模型，不能使互相连接的网络互通，如图 5-4 所示。

为了解决不同网络体系结构之间组建的网络的连通问题，ISO 提出了 OSI 参考模型。

OSI 参考模型在众多网络通信标准模型的

图 5-4　不同公司使用不同的网络通信标准模型，导致互连的网络不通

基础上，将网络通信过程规划为 7 层，并制定了网络通信中广泛应用的通信标准模型。

网络实体和对等层以及组成三要素

2. 什么是 OSI 参考模型

OSI 参考模型采用层次结构将网络通信过程分成 7 个功能模块，简称 7 层通信模型。该模型从低层至高层分别是：物理层（Physical Layer）、数据链路层（Data Link Layer）、

网络层（Network Layer）、传输层（Transport Layer）、会话层（Session Layer）、表示层（Presentation Layer）和应用层（Application Layer）。OSI参考模型如图5-5所示。

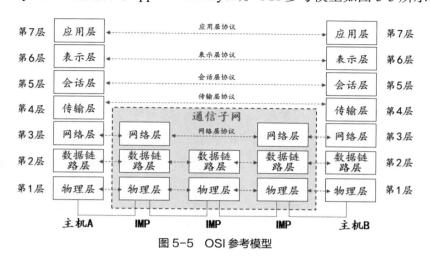

OSI参考
模型介绍

图5-5 OSI参考模型

图5-6所示为OSI参考模型中层与接口的关系。

每一层使用下一层提供的服务，对等层之间使用相同的协议。

每一层为上一层提供服务，所有层之间都互相支持。除在物理介质（物理层）上进行实通信之外，其余各对等层之间进行的都是虚通信（实现和对端的对等层通信，它可以将信息封装成对方能识别的数据格式）。

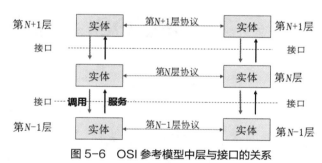

图5-6 OSI参考模型中层与接口的关系

对等层之间的虚通信遵循该层协议，双方在对等层进行通信，不对等层之间不能通信。

3. OSI参考模型中各层的功能

OSI参考模型把网络通信过程分为7层，其核心内容简单分为高层、低层两部分，如图5-7所示。其中，低层面向网络通信，实现传输路径选择；高层面向用户，使用网络应用。传输层介于低层和高层之间，主要用于保障低层的通信质量。

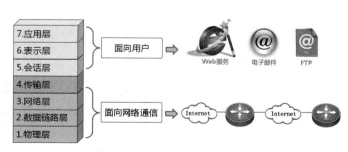

图5-7 OSI参考模型分为两部分

每一层需承担相应的通信功能，简单说明如下。

物理层：物理层处于OSI参考模型的底层，其主要功能是利用物理介质，为数据链路层提供物理连接，以透明地传输比特流。

　　数据链路层：数据链路层在物理层提供的比特流传输服务的基础上，在实体之间建立数据链路连接，传送以帧为单位的数据，通过差错控制、流量控制等方法，将有差错物理链路变为无差错数据链路。

　　网络层：网络层的主要任务是通过执行路由选择算法为网络中传输的报文分组，通过通信子网选择最适当的传输路径，它是 OSI 参考模型中最复杂的一层。

　　传输层：传输层向用户提供可靠的端到端服务，透明地传送报文。

　　会话层：会话层的主要目的是组织同步的两个会话用户之间的对话，并管理数据的交换。

　　表示层：表示层主要用于处理两个通信系统之间信息交换的表示方式，它包括数据格式变换、数据加密与解密、数据压缩与恢复等功能。

　　应用层：应用层是 OSI 参考模型的顶层，它不仅要提供应用进程需要的信息交换和远程操作，而且要作为应用进程的用户代理，帮助使用终端的用户完成网络应用或者进行网络中的信息交换，并为用户提供用户界面和接口。

任务 5.2　掌握 OSI 参考模型各层的内容

任务描述

　　小明在网络中心的老师的指导下，系统学习了 OSI 参考模型的知识，但对比生活中的网络通信过程，却不清楚对应的 7 层在哪里。网络中心的老师知道后，给小明详细地讲解了生活中上网需要经过的 7 个标准化通信过程，帮助小明掌握网络通信过程的 7 个环节，了解 OSI 参考模型中每一层的网络通信内容及承担的网络通信功能。

任务分析

　　OSI 参考模型中每一层的设备或接口在收到数据时，都需要先加上本层的控制信息；然后将数据传输给下一层，层层封装，直至物理层；最后，封装完成的数据通过物理介质，经网络中的通信设备传输到接收端，接收端执行与发送端相反的操作，由上而下逐层将网络中的控制信息去掉，还原出原始数据。

技术介绍

　　OSI 参考模型通过分层结构，实现各层之间的功能独立，易于实现和维护，促进了网络通信的标准化。下面详细介绍每一层的功能、设备和接口标准。

5.2.1　了解物理层

1. 什么是物理层

在网络通信过程中，网络中的信息需要通过电信号、无线射频信号或光信号传输。因此，需要解决的第一个问题是两台设备之间怎么通信（如何发送比特流和如何保障数据被正确接收）。

技术人员开发出物理层技术标准，物理层以二进制比特流形式在各种物理介质上传输数据，如图 5-8 所示。

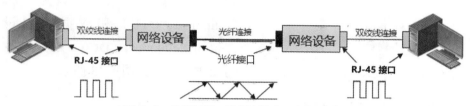

图 5-8　物理层以二进制比特流形式传输数据

物理层定义了接入网络中的设备的连接标准，如网线接口类型、光纤接口类型、各种传输介质等。物理层的主要作用是传输比特流，例如，把 1、0 数字信号转化为强、弱电流，传输到目的地后，再转化为 1、0 数字信号，实现图 5-9 所示的物理层的数模转换过程。

图 5-9　物理层的数模转换过程

在物理层中，传输数据的形式是比特流，将比特流转换为电压上高电平和低电平的形式，实现按位传输，如图 5-10 所示。

图 5-10　物理层传输比特流

2. 物理层的功能

物理层的功能：规定通信设备的机械、电气、功能和过程的特性，建立、维护和拆除物理链路连接。

机械特性：规定接口所用接线器的形状和尺寸、引脚数目和排列方式、接口机械固定方式等。机械特性决定了网络设备与通信线路在形状上的可连接性，如图 5-11 所示。

电气特性：规定接口引脚中的电压范围，即用多大电压表示"1"和"0"。电气特性决定了数据传输速率和信号传输距离，如图 5-12 所示。

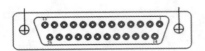
图 5-11　物理层的机械特性

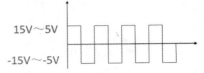
图 5-12　物理层的电气特性

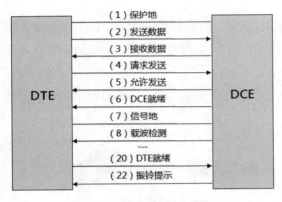

（1）保护地
（2）发送数据
（3）接收数据
（4）请求发送
（5）允许发送
（6）DCE就绪
（7）信号地
（8）载波检测
……
（20）DTE就绪
（22）振铃提示

图 5-13　物理层的功能特性

功能特性：规定某条线上出现的某一电平表示何种意义。按功能，可将接口信号线分为数据信号线、控制信号线、定时信号线、接地线和次信道信号线 5 种。

过程特性：规定在建立、维护物理链路和交换信息时，数据终端设备（Data Terminal Equipment，DTE）和数据控制设备（Data Control Equipment，DCE）双方在各自电路上的动作系列，如图 5-13 所示。

3. 物理层的设备和接口标准

工作在物理层的设备有中继器、集线器等。物理层定义的典型接口标准包括 EIA/TIA RS-232、EIA/TIA RS-449、V.35、RJ-45 等。图 5-14 所示为物理层的接口标准应用示例。

图 5-14　物理层的接口标准应用示例（左为 RS-232、右为 RJ-45）

5.2.2　了解数据链路层

1. 数据链路层的功能

数据链路层是 OSI 参考模型的第 2 层，它可在不可靠的物理介质上提供可靠的数据传输。数据链路层的功能是建立和管理相邻节点之间的传输链路，并通过各种控制协议，将容易产生差错的物理链路变为无差错、能可靠传输数据帧的数据链路，如图 5-15 所示。数据传输过程中产生的差错如图 5-16 所示。

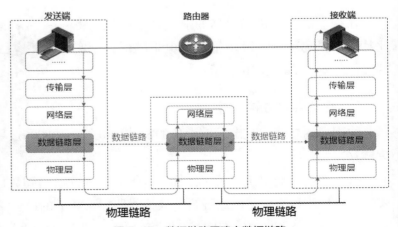
图 5-15　数据链路层建立数据链路

什么是网卡

图 5-16　数据传输过程中产生的差错

2. 数据链路层的功能模块

数据链路层通常分为介质访问控制（Media Access Control，MAC）子层和逻辑链路控制（Logical Link Control，LLC）子层，如图 5-17 所示。

MAC 子层：解决在共享型网络中多用户竞争信道的问题，完成网络的介质访问控制。

LLC 子层：建立和维护网络连接，执行差错校验、流量控制和链路控制。

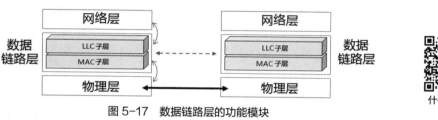

什么是 MAC
地址

图 5-17　数据链路层的功能模块

3. 数据链路层传输数据帧

数据链路层的任务是接收来自物理层的数据（比特流形式），并将其解封装成数据包，传输到上一层——网络层；同样，将来自网络层的 IP 数据包封装为数据帧转发到物理层，并选择合适的媒介传输。图 5-18 所示为数据链路层对数据帧的封装过程。

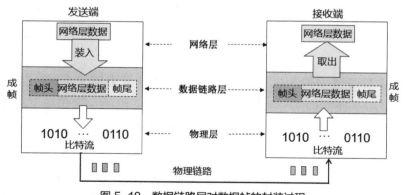

数据链路层
介绍

图 5-18　数据链路层对数据帧的封装过程

数据链路层定义了如何让数据帧在物理介质上传输，以及如何控制连接的设备对物理介质的访问。此外，数据链路层通常还需要提供错误检测和纠正功能，以确保数据可靠传输。

也就是说，在物理层提供的比特流服务的基础上，数据链路层先建立相邻节点之间的数据链路；然后通过差错控制技术，保障数据帧在底层物理信道上无差错传输，从而实现可靠的传输。

图 5-19 所示的数据帧就是数据链路层上所有数据的封装标准。其中，网络层的数据包传输到数据链路层后，被加上帧头（前导码、帧起始定位符、目的地址、源地址和类型）和帧尾（校验），就构成了可被数据链路层识别的数据帧。

需要说明的是：在以太网中，数据帧的长度变化范围是 64 ~ 1518 字节，超短帧和超长帧都容易被设备丢弃。

图 5-19　数据帧结构

4．数据链路层的设备和协议

工作在数据链路层的设备有二层交换机、网桥、网卡等，数据链路层的协议包括同步数据链路控制（Synchronous Data Link Control，SDLC）协议、高级数据链路控制（High-Level Data Link Control，HDLC）协议、点对点协议（Point to Point Protocol，PPP）、帧中继（Frame Relay）协议等。

图 5-20 所示为工作在数据链路层的二层交换机。

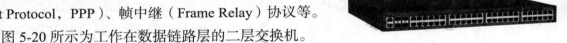

图 5-20　工作在数据链路层的二层交换机

5.2.3　了解网络层

1．什么是网络层

网络层是 OSI 参考模型的第 3 层，它是 OSI 参考模型中最复杂的一层，也是通信子网的最高层。网络层用于在物理层、数据链路层两层物理链路的可靠传输基础上，向上层的资源子网提供网络服务。

图 5-21　网络层的传输服务过程

网络层的任务是通过路由选择算法，通过通信子网为报文或分组选择最恰当的路径。图 5-21 所示为网络层的传输服务过程。

在网络通信过程中，数据链路层用于解决同一网络内部设备之间的通信，而网络层用于解决不同子网之间的通信，如图 5-22 所示。

具体来说就是，网络层先将数据封装为数据包形态，然后通过路径选择、分段组合、顺序、进／出路由等，将数据从一台网络设备传输到另一台网络设备。

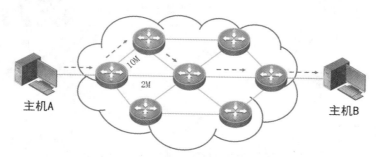

图 5-22　数据在网络层选择路由的过程

2. 网络层的功能

网络层的主要功能如下。

（1）寻址：数据链路层中使用的 MAC 地址仅用于解决一个网络内部的寻址问题。在不同子网之间通信时，为了识别和找到目标网络中的设备，每一个子网中的设备都会被分配一个唯一地址，这个地址就是 IP 地址。网络层通过 IP 地址寻址。

（2）路由：当源节点和目的节点之间存在多条路径时，网络层需要根据路由算法为数据分组选择最佳路径，将数据从发送端传输到接收端。

（3）连接：数据链路层控制的是网络中相邻节点之间的流量；而网络层控制的是从源节点到目的节点的流量，目的在于防止网络拥塞，并进行差错检测。

3. 网络层的数据封装格式

数据在网络层的封装形态称为数据包。图 5-23 所示为 IPv4 数据包格式。

图 5-23　IPv4 数据包格式

4. 网络层的设备和协议

工作在网络层的设备有三层交换机、路由器、防火墙、出口网关等。图 5-24 所示为路由器。网络层的协议包括 IP、ARP、ICMP、IGMP、RARP 等。

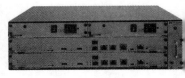

图 5-24　路由器

5.2.4　了解传输层

1. 传输层的功能

OSI 参考模型中下 3 层的主要任务是实现数据通信，上 3 层的主要任务是处理数据，传输层起到承上启下的作用。

传输层是 OSI 参考模型的第 4 层，是网络中通信子网和资源子网的中间层，如图 5-25 所示。

传输层是网络通信过程中的质量控制层，具有以下基本功能。

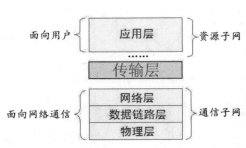

图 5-25　位于通信子网和资源子网中间的传输层

（1）连接管理（Connection Management）。传输层定义了允许两个用户像直接连接一样开始交谈的规则。通常把连接的定义和建立过程称为握手（Handshake）。传输层可以与其对等层建立面向连接的会话，保障通信质量。

（2）流量控制（Flow Control）。传输层以对方网络普遍接受的速度发送数据，防止网络拥塞造成数据报丢失。传输层和数据链路层在流量控制方面的区别在于：传输层用于定义端到端用户之间的流量控制，数据链路层用于定义两个相邻节点之间的流量控制。

（3）差错检测（Error Detection）。虽然数据链路层的差错检测功能提供了可靠的链路传输，但无法保证源节点和目的节点之间的端对端传输完全正确，所以这个任务由传输层承担。

（4）建立面向连接或面向无连接的通信。传输层通过传输控制协议（Transmission Control Protocol，TCP）提供面向连接的传输层服务，通过用户数据报协议（User Datagram Protocol，UDP）提供面向无连接的传输层服务。传输层的任务是提供可靠的、端到端的通信。

为保证封装的数据报能正确传输，传输层要对收到的报文进行差错检测，向高层屏蔽底层数据通信细节，即向用户透明地传输报文，传输层是 OSI 参考模型中最关键的一层。图 5-26 所示为传输层实现端到端通信。

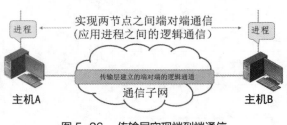

图 5-26　传输层实现端到端通信

2. 传输层的数据封装格式

由于传输过程中通信质量不同，传输层的数据封装格式也不同，传输层使用面向连接的 TCP 报文封装格式，如图 5-27 所示。

源端口（16）											目的端口（16）
序列号（32）											
确认号（32）											
数据偏移	保留字段	U R G	A C K	P S H	R S T	S Y N	F I N		窗口大小（16）		
校验和（16）									紧急指针（16）		
可选项									填充		
数据											

TCP 报文介绍

图 5-27　TCP 报文封装格式

此外，传输层也使用面向无连接的 UDP 报文封装格式，如图 5-28 所示。

什么是 UDP

bit0　　　　　　　　　　　　　　　　　　　　　　　　　　bit31

源端口（16）	目的端口（16）
UDP长度（16）	校验和（16）
数据	

图 5-28　UDP 报文封装格式

TCP 和 UDP 的区别

3. 区分传输层的两种服务

传输层关心的问题是建立、维护和中断虚电路，传输差错校验和恢复，以及信息流量控制等。因此，传输层提供"面向连接"和"面向无连接"两种服务。

传输层使用两种不同的传输协议来实现以上两种服务，即面向连接的 TCP 和面向无连接的 UDP。

4. 传输层的设备和协议

工作在传输层的设备有路由器、三层交换机、出口网关、防火墙等。图 5-29 所示为防火墙。应用在传输层的协议有 TCP、UDP 等。

图 5-29　防火墙

5.2.5　了解会话层

1. 什么是会话层

会话层负责在网络中的两个节点之间建立、管理和终止通信，如图 5-30 所示。会话层不参与具体的传输，但它提供访问验证和会话管理功能，建立和维护应用之间通信的机制。

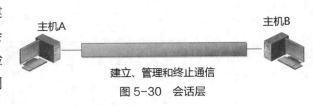

图 5-30　会话层

例如，在传输过程中，服务器验证客户机上的登录过程是否顺利完成的工作便是由会话层完成的。此外，若用户的电话线偶然从墙上的插孔中脱落，客户机上的会话层将检测到连接中断，并重新发起连接。

会话层通过决定节点通信优先级、通信时间的长短来设置通信期限。

2. 会话层的功能

用户之间进行数据传输可以理解为用户之间进行对话，在传输层建立端到端通信的基础上，用户之间可以通过会话层建立和释放会话连接，确保会话过程的连续性并实现管理数据交换过程等功能。

会话层的功能包括建立通信链接、保持会话过程中通信链接的畅通、同步两个节点之间的对话、决定是否中断通信及通信中断时从何处重新发送。

会话层提供的服务可建立、维持并同步会话。会话层使用校验点技术，使通信会话在通信失效时从校验点恢复通信，这种能力对传输大文件极为重要，因为它可以实现断点重传。

5.2.6　了解表示层

1. 什么是表示层

表示层可以解决应用程序中与数据表示及传输有关的问题，包括数据转换、加密和压缩。表示层将收到的数据，转换为适合 OSI 参考模型内部表示语法的数据。表示层在不同系统之间实现表示的方法如图 5-31 所示。

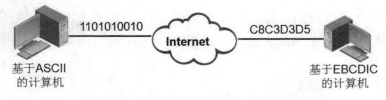

图 5-31　表示层在不同系统之间实现表示的方法

2. 表示层的功能

表示层的主要功能是处理用户数据的表示问题。例如，数据的压缩和解压缩、加密和解密等工作都由表示层负责。表示层的功能描述如下。

（1）数据格式处理：协商和建立数据交换的格式，解决各应用程序之间在数据格式方面的差异。

（2）数据的编码：处理字符集和数字的转换。例如，用户应用程序中的数据类型、用户标识等都可以有不同的表示方式，因此，设备需要有在不同字符集或格式之间转换的功能。

（3）数据的压缩和解压缩：为了减少数据的传输量，表示层还负责数据的压缩与解压缩。

（4）数据的加密和解密：可以提高网络的安全性。

3. 表示层的内容

表示层可以解决数据在终端系统上的语法表示问题。图 5-32 所示为表示层以压缩文件格式表示数据。

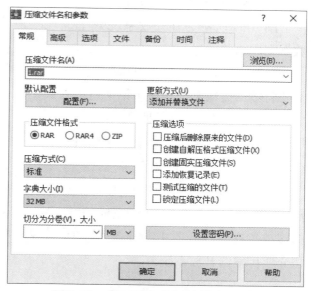

5.2.7 了解应用层

1. 什么是应用层

应用层提供给用户和各种应用程序使用网络服务的接口，它直接向用户提供服务，完成用户希望在网络上完成的各种工作。

应用层是 OSI 参考模型的顶层，用于实现网络中应用程序与操作系统之间的联系，为操作系统或应用程序提供访问网络服务的接口。

图 5-32 表示层以压缩文件格式表示数据

2. 应用层提供的服务

应用层提供的服务有文件服务、目录服务、文件传输服务、远程登录服务、电子邮件服务、打印服务、网络管理服务等。

5.2.8 掌握数据在网络中的传输过程

OSI 参考模型直观地展示了数据从一台计算机通过网络传输到另一台计算机的过程，如图 5-33 所示。

OSI 各层
功能介绍

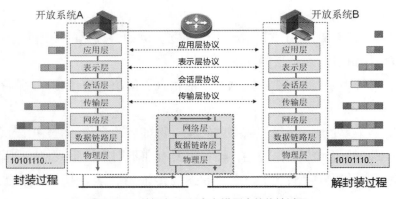

图 5-33　数据在 OSI 参考模型中的传输过程

数据的封装

1. 数据封装过程

图 5-34 所示为在开放系统 A 上，数据完成封装的过程。

首先，开放系统 A 中的应用程序需要将数据传输到应用层（第 7 层）。

然后，应用层将数据传输到表示层（第 6 层），表示层将数据传输到会话层（第 5 层），以此类推。

最后，数据传输到物理层（第 1 层）。在物理接口上，封装完成的数据被放置在物理介质中，准备通过通信介质传输给开放系统 B。

图 5-34　数据封装过程

2. 数据解封装过程

图 5-35 所示为数据传输到开放系统 B 中后，完成解封装的过程。

首先，开放系统 B 的物理层接收到数据，将数据向上传输至数据链路层（第 2 层）。

然后，数据链路层解封装数据，传输给网络层，网络层解封装数据，传输给传输层，以此类推。

最后，解封装完成的数据传输到开放系统 B 的应用层，应用层将数据

数据发送的
封装过程

图 5-35　数据解封装过程

传输给相应的应用程序的接收端，从而完成通信。

数据自上而下转发的过程，实际上就是不断封装的过程；到达目的地后，数据自下而上递交的过程，实际上就是不断解封装的过程。每一层只能识别由对等层封装数据的"信封"，对于被封装在"信封"内部的数据，只是将其解封装后提交给上层，不对数据做任何处理。

3. 数据的封装格式

在 OSI 参考模型中，对等层协议之间交换的数据单元称为协议数据单元（Protocol Data Unit，PDU）。传输层及其下各层的 PDU 都有各自的名称。各层的数据封装格式如图 5-36 所示。

其中，传输层是数据段，网络层是数据包，数据链路层是数据帧，物理层是比特。

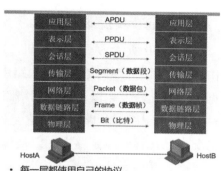

- 每一层都使用自己的协议
- 每一层都利用下层提供的服务与对等层通信

图 5-36　各层的数据封装格式

5.2.9　任务实施：认识网络通信过程中各层对应的硬件和软件

任务描述

小明在网络中心老师的帮助下，系统地学习了 OSI 参考模型。网络中心的老师希望小明把在做网络管理员时接触到的硬件和软件，与 OSI 参考模型中的各层对应起来，深入地掌握网络通信过程。

实施过程

1. 认识物理层组件

物理层位于 OSI 参考模型的底层，工作在物理层的经典组件包括物理介质、电缆连接器，以及网络设备（如集线器和中继器）。图 5-37 所示为 RJ-45 接口，图 5-38 所示为集线器。

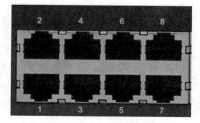

图 5-37　RJ-45 接口

图 5-38　集线器

2. 认识数据链路层设备

工作在数据链路层的设备主要包括网卡、网桥和二层交换机。图 5-39 所示为二层交换机。

图 5-39　二层交换机

3. 认识网络层设备

图 5-40 所示为三层交换机，它是加快大型局域网内部数据交换的设备，具有三层的路由转发功能，能够做到"一次路由，多次转发"。三层交换技术在网络中的第三层实现了数据包的高速转发，既可实现网络路由功能，又可根据不同的网络状况实现最优网络性能。

图 5-41 所示为路由器，它是连接 Internet 中各局域网、广域网的设备，它会根据信道的情况自动选择和设定路由，以最佳路径，按前后顺序发送信号，实现不同网络之间的通信。

图 5-40　三层交换机

图 5-41　网络层设备：路由器

4. 认识传输层设备

传输层是 OSI 参考模型中最关键的一层，它是唯一负责数据传输质量和数据传输控制的一层，提供端到端的交换数据的机制，检查分组编号与次序。图 5-42 所示为防火墙设备。

图 5-42　防火墙设备

5. 认识表示层程序

表示层多为传输信息的表示方法，传输的内容可以是文字、图形或者压缩文件，但在网络中都统一表示为二进制数据。

在网络传输中，为了节省存储空间，使用压缩格式（如 GIF 格式）表示图片，如图 5-43 所示。

在网络传输中，使用压缩文件技术实现二进制代码压缩，使相邻 0、1 代码减少，从而减少文件占用的存储空间。图 5-44 所示为表示层程序 WinRAR。

图 5-43　表示层的 GIF 格式图片

图 5-44　表示层程序：WinRAR

6. 认识应用层程序

应用层直接向用户提供常见的网络应用服务，如通信软件 QQ、微信，以及各种其他软件等。

科技之光

大疆无人机销量位居全球民用无人机销量前列

近年来，全球无人机产业高速发展。无人机不仅越来越多地被用于航拍、摄影等，而且在农业、测绘、警用等方面也有着广阔的发挥空间。

大疆是一个非常有名的无人机品牌。目前，大疆产品占据了全球超 80% 的民用市场份额，在全球民用无人机企业中位居前列。

大疆创新是深圳市大疆创新科技有限公司旗下的无人机品牌，成立于 2006 年，经过多年艰苦创新，已成长为无人机行业巨头。自 2013 年推出会飞的照相机 Phantom 2 Vision，引发全球航拍热潮后，大疆在全球无人机市场的占比迅速上升。图 5-45 所示为大疆无人机。

大疆在无人机领域迅速崛起的最重要原因之一就是独立研发和坚持创新。2010 年以来，我国无人机相关专利申请量不断上升，2021 年已经达到每年 15000 件的水平，而大疆以 2.11% 的占比排第一。截至 2021 年 6 月，大疆的专利申请量位居国内无人机企业榜首，在国际专利申请上，大疆排第二十九。

图 5-45 大疆无人机

认证试题

下面每一题的多个选项中，只有一个选项是正确的，将其填写在括号中。

1. 网络通信协议的要素为（ 　 ）。
   A. 数据格式、编码、信号电平　　　　　　B. 数据格式、控制信息、速度匹配
   C. 语法、语义、时序　　　　　　　　　　D. 编码、控制信息、同步

2. 网络层中传输的数据单元称为（ 　 ）。
   A. 比特流　　　　　B. 信息　　　　　C. 帧　　　　　D. 分组

3. 路径选择功能是在（　　　）实现的。

    A．物理层　　　　　　B．数据链路层　　　　C．网络层　　　　D．传输层

4. 在 TCP/IP 中，实现计算机之间的可靠通信的是（　　　）。

    A．网络接口层　　　　B．网际层　　　　　　C．传输层　　　　D．应用层

5. 在 OSI 参考模型中，处于应用层之下的是（　　　）。

    A．物理层　　　　　　B．网络层　　　　　　C．会话层　　　　D．表示层

6. 在 IP 地址方案中，159.226.181.1 是一个（　　　）。

    A．A 类地址　　　　　B．B 类地址　　　　　C．C 类地址　　　　D．D 类地址

7. 路由器工作在 OSI 参考模型中的（　　　）。

    A．物理层　　　　　　B．数据链路层　　　　C．网络层　　　　D．传输层

8. 计算机局域网中通常不需要的设备是（　　　）。

    A．网卡　　　　　　　B．服务器　　　　　　C．传输介质　　　　D．调制解调器

9. 对等层交换的数据单元称为（　　　）。

    A．协议数据单元　　　B．接口数据单元　　　C．服务数据单元　　D．报文分组

10. OSI 参考模型的网络层含有 4 个重要的协议，分别为（　　　）。

    A．IP、ICMP、ARP、UDP　　　　　　　B．TCP、ICMP、UDP、ARP

    C．IP、ICMP、ARP、RARP　　　　　　D．UDP、IP、ICMP、TCP

11. 在 OSI 参考模型中，上下层之间通过（　　　）交换信息。

    A．服务原语　　　　　　　　　　　　　B．服务访问点

    C．服务数据单元　　　　　　　　　　　D．协议数据单元

12. 局域网的体系结构一般不包括（　　　）。

    A．物理层　　　　　　B．数据链路层　　　　C．网络层　　　　D．介质访问控制层

13. 在 TCP/IP 体系结构中，传输层连接的建立采用（　　　）。

    A．慢启动　　　　　　B．协商　　　　　　　C．滑动窗口　　　　D．三次握手

14. 决定使用哪条路径通过子网的是（　　　）。

    A．物理层　　　　　　B．数据链路层　　　　C．网络层　　　　D．传输层

15. 在 OSI 参考模型中，协议数据单元从源端传送到目的端是在（　　　）完成的。

    A．传输层　　　　　　B．应用层　　　　　　C．数据链路层　　D．网络层

16. B 类地址中用（　　　）位来标识网络中的一台主机。

    A．8　　　　　　　　　B．14　　　　　　　　C．16　　　　　　　D．24

17. 局域网的典型特性是（　　　）。

    A．高数据速率，大范围，高误码率　　　　B．高数据速率，小范围，低误码率

    C．低数据速率，小范围，低误码率　　　　D．低数据速率，小范围，高误码率

18. "将发送端数据转换成接收端的数据格式"功能由 OSI 参考模型中的（   ）实现。

    A. 应用层   B. 表示层   C. 会话层   D. 传输层

    E. 网络层

19. OSI 参考模型中的（   ）负责建立端到端的连接。

    A. 应用层   B. 会话层   C. 传输层   D. 网络层

    E. 数据链路层

20. 局域网的标准化工作主要由（   ）制定。

    A. OSI   B. CCITT   C. IEEE   D. EIA

单元6
掌握TCP/IP网络通信标准

06

技术背景

　　为了提升网络管理水平，在网络中心老师的指导下，小明完成了对 OSI 参考模型的学习，熟悉了网络通信过程。接下来，小明还需要学习 TCP/IP 网络通信标准，掌握生活中实际应用的网络协议。

　　本单元主要讲解 TCP/IP 网络通信标准，帮助学生了解 TCP/IP 网络通信标准中的重要协议、IP 地址及 IP 子网划分技术等。

技术导读

学习任务	能力要求	技术要求
任务 6.1　掌握 TCP/IP 网络通信标准的基础知识	了解 TCP/IP 分层模型中各层的功能	了解 IPv4 数据包封装格式，了解应用层协议，掌握 IP 和 TCP 的特征
任务 6.2　划分 IP 子网	能够熟练划分子网	熟悉 IPv6 地址的知识，能够进行子网规划

任务 6.1 掌握 TCP/IP 网络通信标准的基础知识

任务描述

在网络中心老师的指导下，小明完成了对 OSI 参考模型的学习。为了更深入地掌握网络管理知识，小明还需要学习 TCP/IP 网络通信标准。该标准中有丰富的通信协议，服务于生活中实际的网络应用，学好该标准可以提升网络故障排除能力。

任务分析

TCP/IP 是 Internet 中广泛使用的网络通信标准，它定义了局域网如何接入 Internet、数据在网络中的封装格式、如何通过路由选择最佳路径、如何实现局域网之间的互联互通等。

技术介绍

6.1.1 了解 TCP/IP 网络通信标准

20 世纪 70 年代，美国国防部为建设 ARPAnet，开发了 TCP/IP 网络通信标准，后来 ARPAnet 逐渐发展成为 Internet，使得 TCP/IP 成为生活中广泛应用的网络通信标准，而 OSI 参考模型因缺少配套的应用而成为名义标准。

TCP/IP 是一组网络通信协议的总称。

6.1.2 掌握 TCP/IP 网络通信标准的特点和 TCP/IP 分层模型

1. 熟悉 TCP/IP 网络通信标准的特点

TCP/IP 网络通信标准能适应不同厂家生产的计算机系统，能在同一标准的网络环境下运行，实现不同类型网络的互联互通。TCP/IP 网络通信标准具有以下几个特点。

（1）完全开放，免费使用。

（2）支持使用操作系统的主机之间的通信。

（3）与硬件无关，支持不同类型网络之间互联，适用于 Internet。

（4）网络中的地址统一分配，网络中的每台设备都具有一个唯一的 IP 地址。

（5）高层协议标准化，可以提供多种多样的、可靠的网络服务。

2. 熟悉 TCP/IP 分层模型

TCP/IP 网络通信标准把网络通信过程分为 4 层，分别是应用层、传输层、网际层和网络接口层，形成了 TCP/IP 分层模型，其中，每层用于完成相应的网络通信任务。图 6-1 所示为 TCP/IP 分层模型。

TCP/IP 网络通信标准中有两个最重要的协议，分别是 TCP 和 IP。

应用在传输层的 TCP 是 TCP/IP 网络通信标准的核心，该协议规定了网络中一种可靠的数据传输服务标准，实现数据传输过程中端对端的可靠性。

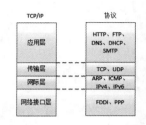

图 6-1　TCP/IP 分层模型

应用在网际层的 IP 用于提供网络之间的连接标准，为数据在不同网络之间传输选择最佳路径，实现 IP 数据包在源节点与目的节点之间的准确通信。

6.1.3　了解 OSI 参考模型和 TCP/IP 分层模型的联系

TCP/IP 分层模型是一个 4 层结构，与 OSI 参考模型有一定的关联。OSI 参考模型可看作 TCP/IP 分层模型的扩展，二者之间的关系如图 6-2 所示。

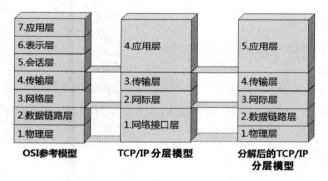

OSI-TCP网络体系结构

图 6-2　OSI 参考模型和 TCP/IP 分层模型的关系

6.1.4　了解 TCP/IP 网络通信标准各层的功能

TCP/IP 是 Internet 的通信标准，它把网络通信过程分成 4 层，可实现 Internet 中设备之间的通信，得到了广泛的应用。下面分别介绍 TCP/IP 网络通信标准各层的功能。

1. 网络接口层的功能

TCP/IP 网络通信标准中的网络接口层定义了物理介质的各种特性，包括机械特性、电子特性、功能特性和过程特性。另外，网络接口层还可以向上层网络发送数据帧，将其交给上层协议处理。图 6-3 所示为通过网络接口层实现不同类型网络的连接。

图6-3 通过网络接口层实现不同类型网络的连接

网络接口层的协议有 Ethernet 802.3（以太网协议）、Token Ring 802.5（令牌环网协议）、X.25 协议、帧中继协议、HDLC 协议、PPP、ATM 协议等。图 6-4 所示为网络接口层与网际层的关系。

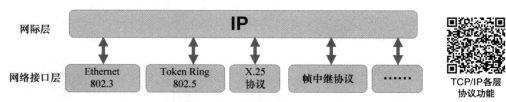

图6-4 网络接口层和网际层的关系

2. 网际层的功能

网际层也称为 Internet 层或网络层。网际层的任务是：在不同的通信子网中，为 IP 数据包选择一条合适的传输路径，把数据准确地传输到目的端，向传输层提供数据报服务，如图 6-5 所示。

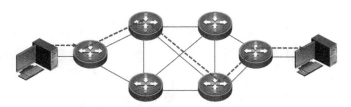

图6-5 网际层选择合适的传输路径

网际层的具体功能包括寻址和路由选择，连接的建立、保持和终止等。

网际层的协议包括 IP、ICMP、ARP、RARP 和 IGMP。

3. 传输层的功能

网际层可以根据 IP 地址，将源节点发出的 IP 数据包传输到目的节点，但是它只负责传输，不保证通信质量。而传输层负责将数据可靠、准确地传输到相应的服务端，实现应用程序之间的端到端通信，如图 6-6 所示。

传输层的功能包括分割与重组数据、按端口号寻址、面向连接管理、差错控制和流量控制、网络纠错等。传输层是 TCP/IP 分层模型的核心，保障网络中的数据传输质量和通信质量。

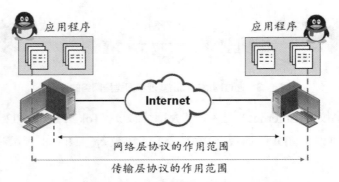

图 6-6　传输层实现端到端通信

传输层的协议包括 TCP 和 UDP。

4．应用层的功能

应用层和应用程序接口连接，用于提供常见的网络应用服务（见图 6-7），应用层的每个协议都可以解决网络的某一具体应用问题。

常见的应用层协议包括 FTP、Telnet 协议、DNS 协议、SMTP、POP3、HTTP、DHCP 等。

图 6-7　应用层提供的服务

6.1.5　深入了解 IP

要实现全世界各种类型网络之间的通信，需要解决的问题是如何连接不同类型的网络，因为不同类型的网络中存在不同的寻址方案、不同的分组长度、不同的超时控制、不同的服务连接（连接、非连接）等。

为了实现在不同物理网络上传输数据，需要使用网络层把不同类型的网络中传输的数据使用 IP 封装，实现在不同类型的网络之间采用统一标准进行通信，使不同类型的网络看起来像一个统一标准网络（称为 IP 网），如图 6-8 所示。

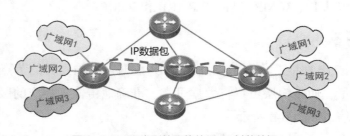

图 6-8　不同类型的网络使用 IP 封装数据

1．什么是 IP

实现不同类型网络相互连接的 IP 是网络层中的重要协议，接入网络中的设备都遵守 IP。

Internet 正是许多网络相互连接构成的多网络系统的集合。

IP 把各种不同类型网络中传输来的数据统一封装成 IP 数据包，屏蔽掉底层各种物理网络中的异构细节，使接入 IP 网络的主机在该网络中通信时就像在一个单一网络中通信，实现了不同类型的网络在 IP 网络中互联互通，即具有"开放性"的特点，如图 6-9 所示。

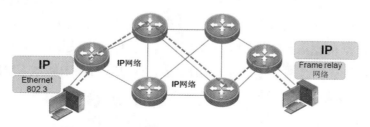

图 6-9 用 IP 实现不同类型网络中主机之间的通信

2. 统一封装的 IP 数据包

IP 是 TCP/IP 网络通信标准中的核心协议，也是 TCP/IP 网络通信标准中数据的载体。IP 对底层物理网络中的硬件没有要求，能适应各种物理网络中的硬件通信。

任何类型网络中发出的二进制数据，都要使用 IP 将其封装成统一的 IP 数据包，才能在 Internet 中传输，接入 Internet 的计算机都必须遵守 IP。图 6-10 所示为 IPv4 数据包封装格式。

版本	首部长度	优先级和服务类型		总长度
标识符			标志	片偏移
生存时间	协议	首部校验和		
源IP地址				
目的IP地址				
选项（可选）				
数据部分				

图 6-10 IPv4 数据包封装格式

3. IP 的特征

IP 在网络中用于提供不可靠、无连接的数据传输服务，其特征如下。

（1）不可靠

不可靠指 IP 不能保证 IP 数据包能成功到达目的地。IP 仅提供最好的传输服务，当发生某种错误时，例如某台路由器暂时不工作，就会丢弃该 IP 数据包，然后发送 ICMP 消息给信源。上层的 TCP 可以保障网络层 IP 数据包传输的可靠性。

（2）无连接

无连接指 IP 不维护任何后续数据包状态。每个数据的处理相互独立，可以不按发送顺序接收 IP 数据包。如果源计算机向目标计算机发送两个连续的 IP 数据包（先 A 后 B），则

IP 数据包 A 和 B 都独立进行路由选择，甚至可能选择不同的传输路径。

4. IP 数据包的路由过程

路由是指为到达目的网络进行的最佳路径选择，路由是网际层最重要的功能。

三层路由设备收到网络中的 IP 数据包，如果目的 IP 地址与源 IP 地址在同一网段，则该 IP 数据包在通过数据链路层时直接被封装成数据帧，在本地通过交换或广播方式发送；否则，需要把该 IP 数据包发送到本地网关（如路由器），再由网关设备转发。

在构建完成的互联互通网络中，三层路由设备使用路由表来转发 IP 数据包。路由表是网络中 IP 数据包转发的地图，每一条路由条目都包括两项内容：目标主机所在网络和下一跳路由器的地址。

网关设备根据 IP 数据包中的目的 IP 地址匹配路由表，以确定转发的下一跳路由器的地址。图 6-11 所示为 IP 数据包依靠三层路由器匹配路由表再转发的过程。

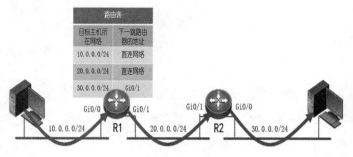

图 6-11　路由过程

5. 网络层的部分协议

（1）ARP

ARP 是根据已知的 IP 地址，获取 MAC 地址的协议。主机发送信息时，将包含目的 IP 地址的 ARP 请求广播到局域网内的所有主机中，并接收返回消息，确定目的 IP 地址对应的物理地址。收到返回消息后，再将该 IP 地址和物理地址的映射关系存入本机的 ARP 映射表中，并保留一定时间，下次请求时，可直接查询 ARP 映射表。

在主机的命令行窗口中，可以利用"arp -a"命令查看 IP 地址（Internet 地址）和 MAC 地址（物理地址），如图 6-12 所示。

```
C:\>arp -a

接口:192.168.212.111 --- 0xb
Internet 地址        物理地址            类型
192.168.212.1       00-00-5e-00-01-fb   动态
192.168.212.2       00-1c-25-dc-2e-61   动态
192.168.212.3       00-16-36-bc-8a-76   动态
192.168.212.4       ec-a8-6b-8a-1c-ab   动态
192.168.212.8       d4-3d-7e-d0-e6-63   动态
192.168.212.9       00-21-97-c2-51-b9   动态
```

图 6-12　主机上的 ARP 映射表

（2）RARP

反向地址解析协议（Reverse Address Resolution Protocol，RARP）出现在无盘工作站的网络环境中，接入网络中的设备知道自己的 MAC 地址，要取得自己的 IP 地址，就向网络中广播 RARP 请求，服务器收到广播请求，发送应答报文，帮助无盘工作站获取 IP 地址，如图 6-13 所示。

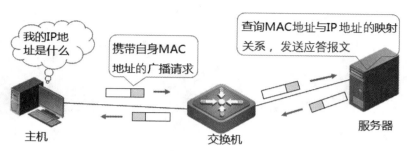

图 6-13 主机使用 RARP 解析自己的 IP 地址

（3）ICMP

IP 是一种不可靠的协议，需要借助其他协议来实现连接测试，即互联网控制报文协议（Internet Control Message Protocol，ICMP）。

ICMP 允许主机或路由器报告网络通信连接的差错情况，提供有关异常情况的报告。ICMP 最典型的应用就是：使用 ping 命令测试路由器和目的主机的可达性。

（4）IGMP

IP 只负责网络中点到点的数据包传输，而点到多点（组播）的数据包传输，则要使用互联网组管理协议（Internet Group Management Protocol，IGMP）来完成。

IGMP 负责报告局域网内的主机组之间的关系，帮助多播路由器识别加入一个多播组的成员主机，实现局域网内组播设备（交换机）的组播通信。

6.1.6 深入了解 TCP

TCP 是一种面向连接的、可靠的通信协议，是传输层的重要协议。

1. 什么是 TCP

TCP 负责保障网络通信过程的通信质量，完成网络中应用程序之间端到端的可靠通信，如图 6-14 所示。在网络通信过程中，TCP 负责将数据报文准确、可靠、有序地从源端口传输到目的端口（端到端），提供可靠的、无差错的、透明的通信服务，保障 Internet 中的通信质量。

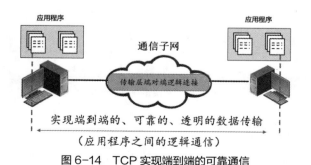

图 6-14 TCP 实现端到端的可靠通信

图 6-15 所示为 TCP 使用三次握手机制保障通信质量。

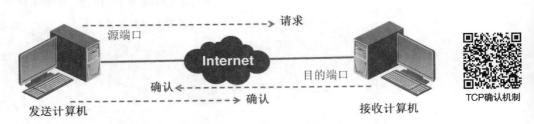

图 6-15　TCP 使用三次握手机制保障通信质量

2. TCP 的特征

Internet 是一个庞大的网络，数据在网络中传输时经常会出问题，仅靠 IP 不能解决 IP 数据包在传输中可能出现的通信问题。因此，为了保障网络中的通信质量，需要通过 TCP 来提供可靠的、无差错的、透明的通信服务。

TCP 是一种端到端的服务协议，对两台计算机的连接过程起保障作用。当网络中的一台计算机需要与另一台计算机连接时，TCP 会在它们之间建立一个连接，计算机发送和接收数据都需要依靠这个连接。

此外，TCP 还利用重发技术和拥塞控制机制向应用程序提供可靠的通信连接，使应用程序能够自动适应网络中的各种变化。

3. TCP 报文格式

TCP 的协议数据单元被称为数据段。TCP 报文分为两部分，即 TCP 首部和数据。其中，TCP 首部一般由 20～60 字节（Byte）构成，长度可变。图 6-16 所示为 TCP 报文格式。

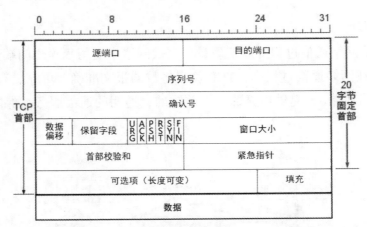

图 6-16　TCP 报文格式

4. TCP 保障通信质量的方法

传输层关心的主要问题：如何建立、维护和中断虚链路；如何开展传输差错校验，实现恢复传输和重传；如何实现网络中的流量控制等。

TCP 通过如下方法来保障通信质量。

（1）三次握手机制

为保证通信质量，TCP 通过建立连接通信机制来保障通信可靠性。TCP 使用三次握手机制建立连接。

图 6-17 所示为三次握手过程的简单描述。

TCP 是面向连接的协议，所以每次发出的请求都需要对方确认。TCP 客户机与 TCP 服务器在通信之前需要完成三次握手才能建立连接。

下面详细讲解三次握手的过程。

第 1 次握手时，客户机向服务器发送 SYN 报文（Seq=x，SYN=1），并进入 SYN_SENT 状态，等待服务器确认，如图 6-18 所示。

Seq 表示请求序列号，ACK 表示确认序列号，SYN 和 ACK 为标志位。

第 2 次握手实际上分两部分来完成，即发送 SYN+ACK（请求和确认）报文。

服务器收到客户机请求，向客户机回复一个确认信息（ACK=x+1）。

然后服务器再向客户机发送一个 SYN 报文（Seq=y），即建立连接请求。此时，服务器进入 SYN_RECV 状态，如图 6-19 所示。

第 3 次握手是客户机收到服务器的回复，即 SYN+ACK 报文。

TCP三次握手

 客户机 　　　　　　 服务器

我给你发消息了，能收到吗？收到请回复

我收到你的消息了，我也给你发了消息，你能收到吗？收到请回复

我收到你的回复消息了，我们可以开始愉快地聊天了

图 6-17 三次握手过程的简单描述

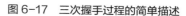

图 6-18 第 1 次握手

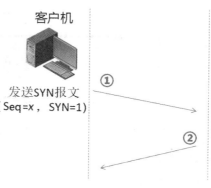

图 6-19 第 2 次握手

此时，客户机也要向服务器发送 ACK 报文。发送完毕，客户机和服务器进入 ESTABLISHED 状态，完成第 3 次握手，如图 6-20 所示。

至此，在客户机和服务器之间就建立了一条 TCP 连接，这个过程称为三次握手。接下来，数据传输就可以开始了。

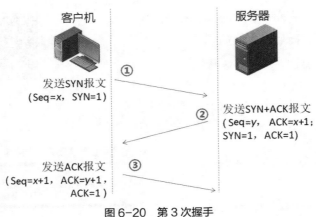

图 6-20　第 3 次握手

不管是哪一方先发起连接请求，一旦连接建立，就可实现全双向数据传输，不存在主从关系。TCP 通过三次握手机制建立连接，通过四次挥手结束传输，终止连接。

（2）重传机制

为了加强网络中主机端到端传输的可靠性，避免发生丢包现象，TCP 使用重传机制来实现纠错功能。TCP 在传输数据的过程中，如果接收端正确收到数据，则接收端传输层发回一个确认应答（ACK），通知发送端已正确接收，如图 6-21 所示。TCP 使用确认技术，其确认号是下一个期待报文。

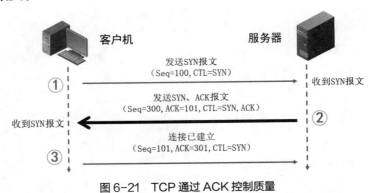

图 6-21　TCP 通过 ACK 控制质量

如果在一定时间内没有收到确认应答，则发送端的传输层认为数据可能丢失，需要重新发送数据，如图 6-22 所示。

（3）滑动窗口机制

如果接收端接收数据的速率小于发送端发送数据的速率，那么服务器可能会因过载而无法工作。TCP 采用滑动窗口机制对窗口内未经确认的分组进行重传。TCP 滑动窗口机制通过动态改变窗口大小来调节两台主机间的数据传输。图 6-23 所示为传输层使用窗口进行流量控制的工作机制。

每台支持 TCP/IP 的主机都使用全双工机制传输数据。因此，TCP 有两个滑动窗口：一个用于接收数据，另一个用于发送数据。

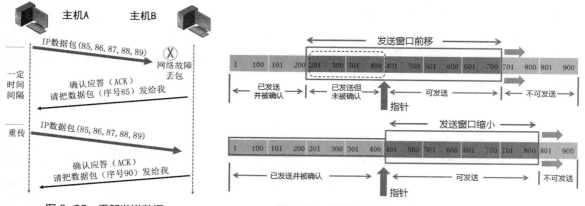

图6-22 重新发送数据　　　　　　　图6-23 传输层使用窗口进行流量控制的工作机制

（4）使用端口标识不同服务

传输层为网络中的主机提供端到端的通信，这里的"端"是指主机上应用程序启用的服务端口。端口是主机与外面通信的出入口。如果主机同时运行多个应用程序，就需要标明某台主机将信息从特定进程传输到另一台主机上的特定端口。图6-24所示为端口提供端到端服务示意。

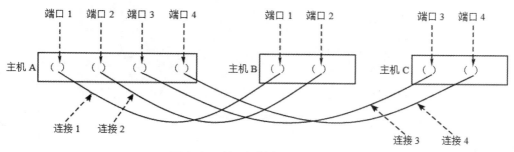

图6-24 端口提供端到端服务示意

主机使用不同的端口号标识应用程序启动的不同服务。默认0～1023为标准端口号，其余的为自定义端口号。

图6-25所示为生活中常用服务使用的标准端口号。

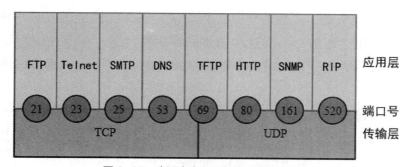

图6-25 生活中常用服务使用的标准端口号

5. 传输层提供面向连接通信机制

网络中的两台主机在传输数据之前，必须先建立一个 TCP 连接。这一过程与打电话相似，先拨号，等待对方接听，然后进行沟通。图 6-26 所示为 TCP 在主机之间建立端到端面向连接（实线）的通信。

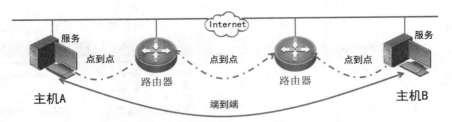

图 6-26　TCP 在主机之间建立端到端面向连接（实线）的通信

传输层提供两种类型的服务，即面向连接的服务和面向无连接的服务，如图 6-27 所示。传输层使用 UDP 和目的设备建立面向无连接的服务，使用 TCP 和目的设备建立面向连接的服务。

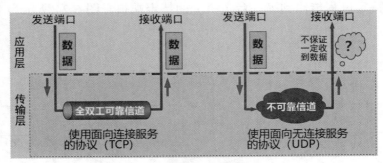

图 6-27　两种类型的服务

（1）面向连接的服务

所谓面向连接的服务，就是在传输数据之前，必须先建立连接。面向连接的服务包含 3 个阶段：建立连接、传输数据和释放连接。虽然面向连接的传输速率慢，但传输质量好。互联网中的大部分服务都使用这种类型的通信模式。

按照连接建立的过程，面向连接的服务又分为虚链路通信连接服务和数据包通信连接服务。图 6-28 所示为虚链路通信连接的建立过程。虚链路通信连接服务是一种面向连接的服务，即在传输之前建立连接，不同连接用不同标识符区分。一条带有标识符的连接就是一条虚链路。通信的所有分组都沿着虚链路依次传输。在所有分组传输完毕后，释放连接（虚链路）。

（2）面向无连接的服务

传输层也提供面向无连接的服务。即在传输过程中，不需要建立专门的连接，不用防止报文丢失、重复或失序，不使用报文确认机制。面向无连接服务适用于传输少量报文。图 6-29 所示为面向无连接的服务。

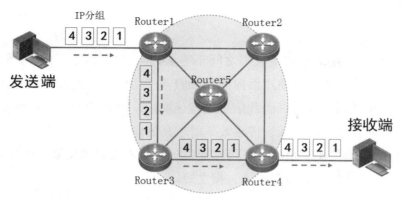

图 6-28　虚链路通信连接的建立过程

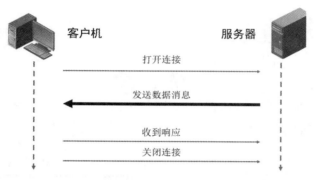

图 6-29　面向无连接的服务

面向连接服务和
面向无连接服务

6. 传输层提供面向无连接的服务

在面向无连接的服务下，两台主机之间不需要先建立一个连接，各个分组报文依据网络的实际情况，选择路由到达的目的端口。因此，面向无连接的服务不能保证传输的可靠性。

（1）什么是 UDP

UDP 是传输层提供的面向无连接服务的协议。UDP 只为 IP 服务提供很少的通信质量保障功能，即端口和差错检测功能。

图 6-30 所示的 UDP 报文只有两个字段：首部和 UDP 数据部分。其中，首部只有 8 字节，由 4 个字段组成，每个字段都是 2 字节。

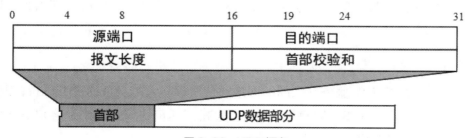

图 6-30　UDP 报文

（2）UDP 的特点

UDP 具有以下特点。

① 在传输数据时，发送端和接收端之间不需要建立逻辑连接，不需要保证数据的完整性和正确性。在通信的过程中，使用面向无连接服务的协议，不需要一一确认数据的完整性和正确性，最后一次性确认即可，因此信息处理速度快，耗费资源少，缩短了发送数据之前的时延，适合对数据完整性要求低、传输效率要求高的应用。

② UDP 不使用拥塞控制，也不保证可靠交付，主机不需要维持复杂的连接状态表。

③ UDP 报文只有 8 字节的首部开销，报文短。

④ 由于 UDP 没有拥塞控制，因此出现网络拥塞时不会使发送端的发送效率降低，例如为 IP 电话、实时视频会议提供的服务等。

（3）无连接通信过程

当一台主机向另外一台主机发送数据时，发送端主机不会确认接收端主机是否存在就发出数据。同样，接收端主机在收到数据时，也不会向发送端主机反馈是否收到数据，如图 6-31 所示。

由于使用 UDP 的通信过程消耗资源少，通信效率高，因此 UDP 通常用于音频、视频和普通数据的传输，如视频会议。在多媒体的网络通信中，即使偶尔丢失一两个数据包，也不会对接收结果产生太大影响。

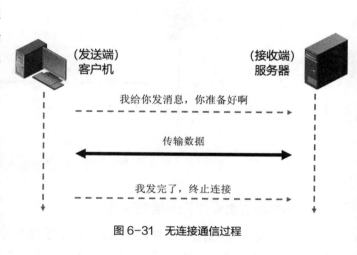

图 6-31　无连接通信过程

6.1.7　了解应用层协议

应用层靠近用户，为用户提供文件传输、远程登录、域名服务和简单网络管理等网络服务。

TCP/IP 网络通信标准中的应用层包含了 OSI 参考模型中上 3 层的全部内容，以下是应用层中的主要协议。

1. HTTP

HTTP 是浏览器和 WWW 服务器之间的网络通信协议，它能保证通过 Internet 正确传输超文本文档，是一种典型的 C/S（客户机 / 服务器）模式通信协议。其中，客户机向服务器发出服务请求，服务器对客户机的请求做出响应。

2. FTP

FTP 实现了 Internet 中主机之间的文件传输。在 Internet 中，不同地址的主机可能安装了不同的操作系统，通过 FTP 可以在不同操作系统之间使用相同的标准传输文件，实现传输的兼容。

FTP 采用 C/S 模式，使用 TCP 提供可靠的传输服务，是一种面向连接的协议。因此 FTP 也包括两个组成部分：一个是 FTP 服务器，另一个是 FTP 客户机。

默认情况下，FTP 使用 TCP 中 的 20 和 21 这两个端口进行通信。其中，20 端口用于传输数据，21 端口用于传输控制信息，如图 6-32 所示。

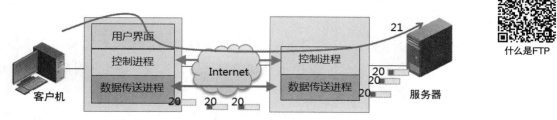

什么是FTP

图 6-32　20 端口和 21 端口

3. Telnet 协议

远程登录协议（Telnet 协议）是 Internet 中远程登录服务的标准协议和主要方式，为用户提供了在本地计算机上完成远程主机上工作的能力。

Telnet 协议在工作中也采用 C/S 模式。用户使用终端上的 Telnet 协议，通过 Internet 连接到远程服务器上，使用用户名和密码实现远程登录后就可以在 Telnet 程序中输入命令，控制远程操作。

4. 邮件传输协议

（1）SMTP

简单邮件传送协议（Simple Mail Transfer Protocol，SMTP）是 Internet 中的邮件传输协议，用于在用户端发送电子邮件，传输邮件信息，提供与邮件有关的通知。

SMTP 作为应用层的协议，使用 TCP 的 25 号端口进行通信。此外，用户连接邮件服务器时需遵循一定的通信规则，SMTP 定义了这种通信规则。通常把处理用户 SMTP 请求（邮件发送请求）的服务器称为 SMTP 服务器（邮件发送服务器）。

（2）POP3

邮局协议版本 3（Post Office Protocol-Version 3，POP3）是 Internet 中接收邮件的协议，用户可通过 POP3 远程管理服务器上的电子邮件。作为应用层的协议，POP3 使用 TCP 的 110 号端口进行通信。

用户从邮件服务器上的个人电子邮箱中接收电子邮件，连上邮件服务器后，要遵循一定的通信格式，POP3 定义了这种通信格式。通常把处理用户 POP3 请求（邮件接收请求）的服务器称为 POP3 服务器（邮件接收服务器）。图 6-33 所示为 SMTP 和 POP3 的工作流程。

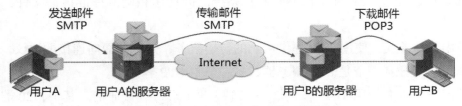

图 6-33　SMTP 和 POP3 的工作流程

5. DNS 协议

域名系统（Domain Name System，DNS）是一种把计算机的主机名转换为 IP 地址的服务系统。DNS 协议用于建立域名地址和 IP 地址映射数据库，实现将域名地址转换为 IP 地址，或将 IP 地址转换为相应的域名地址。

DNS 协议默认使用 53 号端口，客户机默认通过 UDP 进行通信，但由于 Internet 中不适合传输过大的 UDP 数据包，因此，当报文长度超过 512 字节时，一般使用 TCP 进行传输。

域名系统采用分层管理机制，各种域名都隶属于域名系统根域的下级。一级域名就是顶级域名，如组织类型的顶级域名（例如 com 和 org）、国家或地区的顶级域名（例如 us 和 cn）。顶级域名的下一层是二级域名，以此类推。图 6-34 所示为域名系统空间。

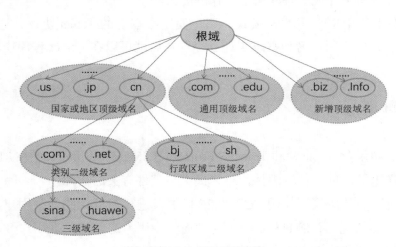

图 6-34　域名系统空间

6. SNMP

简单网络管理协议（Simple Network Management Protocol，SNMP）是在 Internet 中实施 IP 网络节点（服务器、工作站、路由器、交换机等）管理的一种标准协议。SNMP 使网络管理员能够使用图形化界面管理网络，及时发现并解决网络中出现的问题。

7. DHCP

动态主机配置协议（Dynamic Host Configuration Protocol，DHCP）被应用在大型局域网中，为接入网络中的主机分配 IP 地址，实现动态获取 IP 地址、网关地址、DNS 服务器地址等信息，提高 IP 地址的使用率。

6.1.8　任务实施：查看 IP 数据包

小明在学习 TCP/IP 网络通信标准的过程中，很难理解抽象的 IP 数据包。为了帮助小明理解抽象的 IP 数据包，网络中心的老师教小明通过数据包分析软件 Wireshark 捕获网络中传输的 IP 数据包。

1. 下载 Wireshark 安装包

在浏览器中搜索关键词"Wireshark"，从网上下载共享的 Wireshark 安装包。

2. 安装 Wireshark

Wireshark 是一个数据包分析软件，能抓取网络中传输的数据包，显示捕获到的数据包信息（如协议、IP 地址、物理地址、数据包内容等）。它是网络管理、维护及开发人员经常使用的网络分析工具。Wireshark 的主界面如图 6-35 所示。

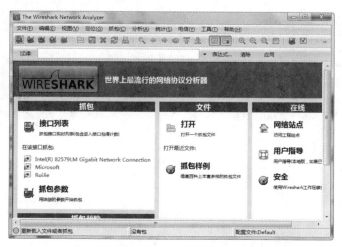

图 6-35　Wireshark 的主界面

3．测试网络连通性，为捕获数据做准备

按【Win+R】组合键，打开【运行】对话框，输入"CMD"，按【Enter】键，打开命令行窗口。

使用 ping 命令测试网络连通性，即输入" ping 192.168.0.1 -t"。

4．使用 Wireshark 捕获 IP 数据包

在 Wireshark 中选择【抓包】→【网络接口】选项，打开【Wireshark:抓包接口】窗口，显示本机网卡的信息。单击【开始】按钮，捕获本机网卡上流过的 IP 数据包，如图 6-36 所示。

图 6-36　捕获 IP 数据包

单击【关闭】按钮结束。图 6-37 所示为捕获到的 IP 数据包。

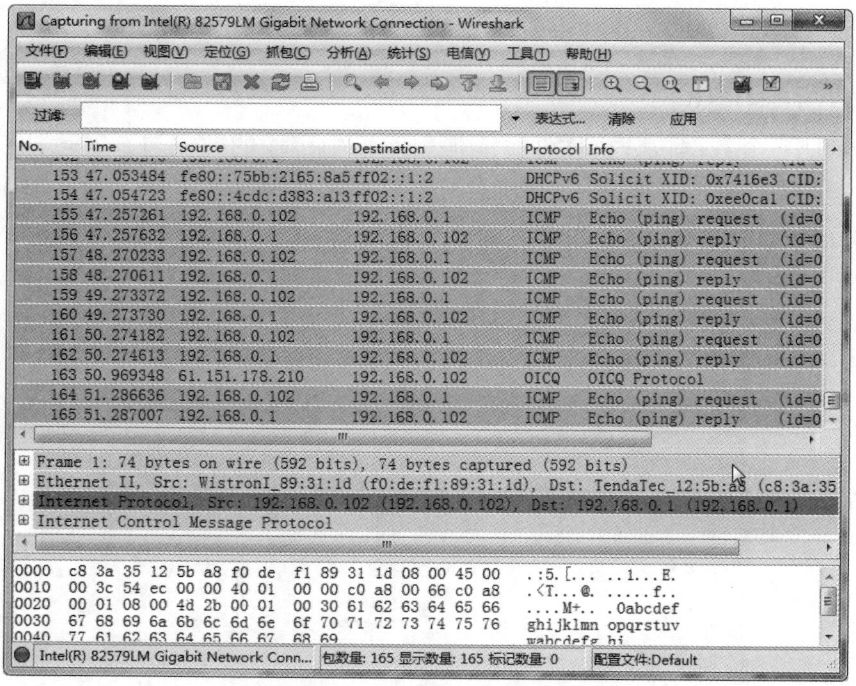

图 6-37　捕获到的 IP 数据包

选择一个 IP 数据包，查看 IP 数据包中传输层的信息，如图 6-38 所示。

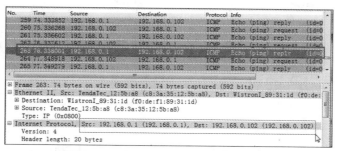

图 6-38　查看 IP 数据包中传输层的信息

再查看 IP 数据包中网络层的信息。

双击打开折叠的协议细节内容，分别显示第二层、第三层的信息内容，如图 6-39 所示。

第二层的数据帧内容：源（Src）MAC 地址和目的（Dst）MAC 地址信息。第三层的 IP 数据包内容：源（Src）IP 地址和目的（Dst）IP 地址信息。

图 6-39　查看协议细节内容

任务 6.2　划分 IP 子网

任务描述

为了满足下学期的教学需求，学校需要新增几个机房，网络中心的老师需要为新增的机房规划几个子网，例如 172.16.1.0/24、172.16.2.0/24 等子网。

小明对 IP 子网技术不是很了解，网络中心的老师在规划机房子网的过程中，结合机房的 IP 地址规划，仔细地给小明讲解了划分 IP 子网的过程。

任务分析

划分 IP 子网是指将一个大的网络，划分成多个小的子网，这样可以有效地提高网络内部的传输效率，减少网络内部的广播和干扰。

技术介绍

IP地址

6.2.1 深入了解IP地址

1. 什么是IP地址

在 Internet 中，IP 地址能唯一标识接入 Internet 中的每一台设备，连接在 Internet 中的每一台设备都必须有一个唯一的 IP 地址。图 6-40 所示为网络中的 IP 地址。

您查询的IP：110.81.0.215

本站主数据：福建省泉州市 电信
参考数据一：福建省泉州市 电信

图 6-40　网络中的 IP 地址

IP 地址是 Internet 中的通信地址，在网络层及以上通信中使用。而 MAC 地址是局域网中的硬件地址，是数据链路层使用的通信地址。图 6-41 所示为 IP 地址和 MAC 地址的关系。

当 IP 数据包在物理网络中传输时，需要把 32 位的 IP 地址映射为 48 位的 MAC 地址，以完成地址解析，如图 6-42 所示。

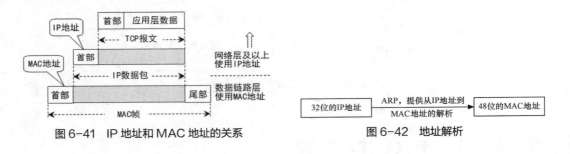

图 6-41　IP 地址和 MAC 地址的关系　　　　图 6-42　地址解析

2. IP 地址的表示

IP 地址是一组 32 位的二进制数。为了便于书写和记忆，将它分为 4 组，用点号分隔，这种方法称为点分十进制表示法。图 6-43 所示为用点分十进制表示法表示 IP 地址 128.11.3.31。

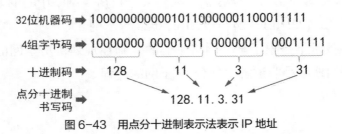

图 6-43　用点分十进制表示法表示 IP 地址

3. IP 地址的组成

这里以 IPv4 地址为例进行介绍。IPv4 地址由网络地址和主机地址两部分组成。其中，

网络地址表示该主机所属的网络,主机地址标识网络中该主机的序号。图6-44所示为IPv4地址组成示意图。

网络地址	主机地址

32位二进制比特位

图6-44 IPv4 地址组成示意图

4. 什么是子网掩码

子网掩码用于区分IP地址中的网络地址和主机地址,使用"1"指明IP地址中哪些位是网络地址,使用"0"指明哪些位是主机地址。

例如,一台主机的IP地址为192.168.1.1,子网掩码为255.255.255.0,表示如下。

11000000 . 10101000 . 00000001 . 00000001
11111111 . 11111111 . 11111111 . 00000000

表6-1所示为TCP/IP在早期有类网络中,默认使用的标准子网掩码。

表6-1 标准子网掩码

地址类型	子网掩码	网络前缀
A 类地址	11111111 00000000 00000000 00000000	/8
B 类地址	11111111 11111111 00000000 00000000	/16
C 类地址	11111111 11111111 11111111 00000000	/24

为了释放更多可用的IP地址,IP地址使用不固定长度的子网掩码来标识网络地址和主机地址,这种IP地址是无类IP地址。

5. 什么是网络地址

网络地址表示主机所属的网络。可通过IP地址和子网掩码计算网络地址。例如,主机地址为172.16.16.51,子网掩码为255.255.0.0,计算网络地址,如图6-45所示。

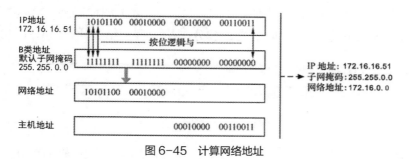

图6-45 计算网络地址

6.2.2 区分IP地址类型

IP地址有5类,即A类地址、B类地址、C类地址、D类地址、E类地址,默认根据IP地址中的第一个字段确定网络类型,如图6-46所示。

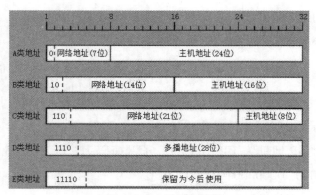

图 6-46 IP 地址的分类

使用较多的是 A、B、C 这 3 类地址，D 类地址用于组播，E 类地址为保留地址。下面分别介绍 IP 地址中的每一类地址。

1. A 类地址

A 类地址的范围为 1.0.0.1 ~ 126.255.255.255，默认子网掩码为 255.0.0.0。A 类地址由 1 字节网络地址和 3 字节主机地址组成，如图 6-47 所示，分配给大型网络使用。

一个 A 类地址的网络地址最高位必须是 "0"，即第一段数字范围为 1 ~ 127。A 类地址中的 127.0.0.0 到 127.255.255.255 是保留地址，用于主机测试。

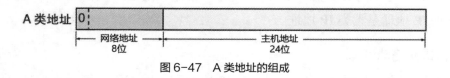

图 6-47 A 类地址的组成

2. B 类地址

B 类地址的范围为 128.0.0.1 ~ 191.255.255.255，默认子网掩码为 255.255.0.0。B 类地址由 2 字节网络地址和 2 字节主机地址组成，被分配给中型网络使用，如图 6-48 所示。

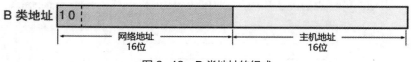

图 6-48 B 类地址的组成

一个 B 类地址的网络地址最高位必须是 "10"，即第一字节范围为 128 ~ 191。每个 B 类网络可连接 65534 台主机（$2^{16}-2$，减一个网络地址和一个广播地址）。B 类地址中的 169.254.0.0 到 169.254.255.255 是保留地址。

3. C 类地址

C 类地址的范围为 192.0.0.1 ~ 223.255.255.255，默认子网掩码为 255.255.255.0。C 类地

址由 3 字节网络地址和 1 字节主机地址组成，被分配给小型网络使用，如图 6-49 所示。

一个 C 类地址的网络地址最高位必须是"110"，即第一段数字范围为 192 ～ 223。每个 C 类网络可连接 254 台主机，Internet 中大概有 2^{24} 个 C 类地址段。

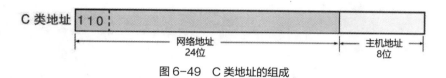

图 6-49　C 类地址的组成

在日常组网中，使用较多的是 A、B、C 这 3 类地址，这 3 类地址的比较如表 6-2 所示。

表 6-2　A、B、C 这 3 类地址的比较

类别	最高 4 位的值	第一字节范围	网络地址长度（单位：位）	主机地址长度（单位：位）	适用的网络规模
A	0××	1 ～ 127	7	24	大型网络
B	10××	128 ～ 191	14	16	中型网络
C	1100	192 ～ 223	21	8	小型网络

4．D 类地址和 E 类地址

D 类地址不区分网络地址和主机地址，它的第 1 个字节的前 4 位固定为 1110。D 类地址的范围为 224.0.0.1 到 239.255.255.254，用于向指定的多个节点发送信息，也称为多播地址。E 类地址为保留地址，不分配给设备。图 6-50 所示为 D 类地址和 E 类地址的组成。

图 6-50　D 类地址和 E 类地址的组成

6.2.3　掌握特殊的 IP 地址

1. 私有地址

随着 Internet 的广泛应用，IPv4 地址面临"枯竭"。为了解决这个问题，从 IP 地址中划出了 3 块作为私有地址。私有地址只能在局域网内使用，不能路由到 Internet。A、B、C 这 3 类地址中私有地址的范围如下。

A 类地址中私有地址的范围：10.0.0.0 ～ 10.255.255.255。

B 类地址中私有地址的范围：172.16.0.0 ～ 172.31.255.255。

C 类地址中私有地址的范围：192.168.0.0 ～ 192.168.255.255。

使用私有地址的主机接入 Internet，在私有网络的出口路由器上私有地址将转换为公

有地址。图 6-51 所示为私有网络和公有网络的连接场景，私有网络主机访问 Internet，在私有网络的出口路由器上将私有地址转换为公有地址，这个转换过程称为网络地址转换（Network Address Translation，NAT）。

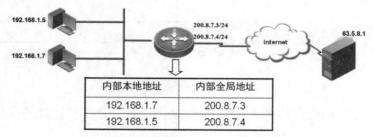

图 6-51　私有网络和公有网络的连接场景

2. 网关地址

网关是一个子网与另一个子网互连的接口。为了方便寻址，给该接口赋一个 IP 地址，即网关地址。网关收到 IP 数据包，根据数据包中的目的 IP 地址，决定是否将该 IP 数据包转发到连接的另一个网络。当本地网络中的设备找不到目标主机时，默认将 IP 数据包都转发到本网网关，再由网关转发。

在图 6-52 中，选择【使用下面的 IP 地址】单选项，配置网关地址，也可以使用【自动获得 IP 地址】单选项来获取网关地址。

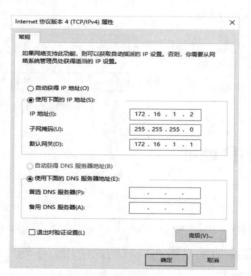

图 6-52　配置网关地址

3. 环回地址

以 "127" 开头的地址称为环回地址，用于测试网络是否正常工作。使用 "ping 127.1.1.1" 命令可以测试本地 TCP/IP 是否正确安装。

4. 地址 0.0.0.0

严格来说，0.0.0.0 不是真正意义上的 IP 地址。它表示所有未知的主机和网络，即任意的网络。在本机路由表里，没有特定条目指明如何到达目标网络。如果在网络中设置了默认网关，那么 Windows 网络操作系统就会自动产生一个目的地址为 0.0.0.0 的默认路由。

5. 受限广播地址

255.255.255.255 是受限广播地址，指本网段内的所有主机，该地址用作 IP 数据包的目的地址。在任何情况下，路由器都不转发目的地址为受限广播地址的数据包。

6. 本地广播地址

IP 地址中主机地址全为 1 的地址为本地广播地址。主机使用这种地址将一个 IP 数据包广播到本地网段的所有设备。例如，102.255.255.255 和 198.10.1.255 分别代表在一个 A 类和 C 类网络中的本地广播地址。

7. 网络地址

一个 IP 地址中如果主机地址全为 0，那么这个地址不能用于主机，它指向本网。路由表中经常出现主机地址全为 0 的地址，表示连接的网络。

8. 地址 169.254.*.*

如果网络中的主机需要使用 DHCP 自动获取一个 IP 地址，当 DHCP 服务器发生故障，或响应时间太长而超出系统规定时间时，Windows 网络操作系统会自动为主机分配这样的地址，实现本地链路上的通信。如果发现主机获取的 IP 地址是此类地址，那么网络很有可能已经出现故障。

6.2.4　熟悉 IPv6 地址

IPv6地址

1. 了解 IPng 地址研发计划

随着越来越多的 IPv4 地址被占用，1993 年，因特网工程任务组（Internet Engineering Task Force，IETF）制订了 IPng（IP Next Generation）地址研发计划，称为 IPv6。2019 年 11 月 25 日，公网 IPv4 地址分配完了，没有多余地址可以分配了，开始正式启用 IPv6 地址。

IPv6 地址的长度为 128 位，是 IPv4 地址的 4 倍，极大地扩展了 IP 地址可用空间。IPv6 地址是适应物联网时代的地址，可把更多的智能终端接入 Internet。针对 IPv6 地址的数量，有这样一种说法：可以为地球上每一粒沙子分配一个 IPv6 地址。图 6-53 所示为 IPv4 地址数量和 IPv6 地址数量。

在 IPv6 地址设计过程中，除了需要解决 IPv4 地址短缺问题外，还需要考虑解决 IPv4 地址解决不了的其他问题，主要有端到端 IP 连接、服务质量（Quality of Service，QoS）、安全性、多播、移动性、即插即用等方面的问题。

IPv4 地址数量：$2^{32} = 4\,294\,967\,296$

IPv6 地址数量：$2^{128} \approx 3.4 \times 10^{38}$

图 6-53　IPv4 地址数量和 IPv6 地址数量

2. IPv6 地址表示方法

128 位的 IPv6 地址的长度是 IPv4 地址的 4 倍，如果用点分十进制表示法来表示该地址，那么会有 16 个 8 位段，地址过于冗长。为了方便使用，将 IPv6 地址以十六进制形式分隔成 8 个 16 位段，每个 16 位段的值是 0000 ~ ffff 的十六进制数，中间用 “:” 分隔，这种方法称为冒分十六进制表示法。

例如，ac80:0000:0000:0000:abaa:0000:00c2:0002 。

3. IPv6 地址的简化规则

但是 IPv6 地址还是太长，且毫无规律可言，不方便记忆，也不方便书写，于是就有了以下两条简化规则。

（1）每组十六进制数中开头的 0 可以省略

例如，地址 2001:1111:0100:000a:0000:00bc:2500:0a0b 可以简化为 2001:1111:100:a:0:bc:2500:a0b 。

这里需要注意的是，只有开头的 0 能省略，末尾的 0 不能省略，否则会有歧义，因为无法确定省略的 0 是在数字前还是在数字后。如果 IPv6 地址中有一串 0 ，例如 2001:0000:0000:0000:0000:0000:0000:0003 ，可以将其简写成 2001:0:0:0:0:0:0:3 。

（2）连续的 0 用一对冒号 “::” 压缩表示

由于 IPv6 地址中可能包含很长一段 0 ，因此可以把连续的 0 压缩表示为 “::”。例如，地址 2001:0:0:0:0:0:0:3 可压缩表示为 2001::3 。

这里需要注意，一个 IPv6 地址内只能使用一次 “::”。如果使用两次及以上，就会产生歧义。例如，2001:0a0c:0000:0000:0021:0000:0000:0077 地址的正确简化 2001:a0c::21:0:0:77；如果简化为 2001:a0c::21::77 就是错误的。

4. IPv4 地址和 IPv6 地址混合表示规则

在 IPv4 地址向 IPv6 地址过渡期间，当需要处理 IPv4 地址和 IPv6 地址混合环境时，可以使用 IPv6 地址的另一种形式，即 x:x:x:x:x:x:d.d.d.d。其中，x 是 IPv6 地址的 96 位高位字节十六进制数，d 是 32 位低位字节十进制数。通常 “映射 IPv4 的 IPv6 地址” 及 “兼容 IPv4 的 IPv6 地址” 可以使用这种表示方法。

例如，0:0:0:0:0:0:10.1.2.3 或者 ::10.11.3.123 。

5. IPv6 地址的斜线 "/" 表示规则

在 IPv4 地址中，网络地址可以使用子网掩码表示，也可以用斜线法表示。例如 192.168.1.1/24，"/24" 表示子网掩码的长度。

IPv6 地址也能用斜线法表示网络地址，即在主机地址后面加上一个斜线 "/" 和一个十进制数，十进制数表示前面多少位是网络前缀（网络地址）。例如 2001::3/64。

其中，全是 0 的 IPv6 地址可以写成一对冒号，表示默认地址，即 ::/0。

当 IPv6 地址的网络地址是 128 位时，表示未指定地址。当设备未分配 IPv6 地址时，就用未指定地址作为标识进行报文交互，即 ::/128。

6. 了解 IPv6 地址类型

IPv6 地址根据使用范围和功能可分为 3 种：单播地址、多播地址、任播地址。

（1）单播（Unicast）地址

单播地址是单一接口的地址。发送到单播地址的数据报会被送到由该地址标识的接口，如图 6-54 所示。

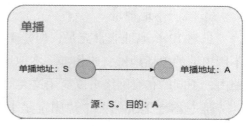

图 6-54 单播过程

单播地址又可分为多种类型，分别是全局可聚集单播地址、链路本地地址、唯一本地地址。

① 全局可聚集单播地址。

全局可聚集单播地址是指这个单播地址是全球唯一的、可以在公网使用的、全网可路由的 IPv6 地址，类似 IPv4 地址中的公网 IP 地址。全局可聚集单播地址由因特网编号分配机构（Internet Assigned Numbers Authority，IANA）分配给地区性 Internet 注册机构（Regional Internet Registry，RIR），再由 RIR 分配给 Internet 服务提供商。

全局可聚集单播地址的前 3 位固定为 001；第 4 ~ 48 位由地址分配机构分配；第 48 位之后的 16 位是划分子网位，称为子网 ID；剩余的 64 位是主机位，叫作接口 ID。

因为一台主机可以有几个接口，所以用 IPv6 地址表示主机的一个接口更准确，而不是表示一台主机。同时，一个接口可以有多个 IPv6 地址，还可以有 IPv4 地址，接口 ID 只是这个接口的几个标识符之一。图 6-55 所示为全局可聚集单播地址。

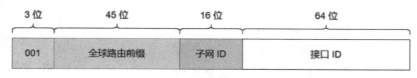

图 6-55 全局可聚集单播地址

② 链路本地地址。

链路本地地址（Link-Local Address）是 IPv4 地址中没有的类型，是 IPv6 地址新定义的地址类型。链路本地地址是只在设备互相连接的链路内才有效的地址。

在设备上启用 IPv6 协议时，网络接口会自动配置一个链路本地地址，实现和同一链路上的其他设备之间的通信。因为链路本地地址只在链路内有效，所以该链路中传播的数据包不会被发送到其他链路上。

链路本地地址的前 10 位固定是 1111111010，之后的 54 位固定为 0，最后的 64 位是接口 ID 。也就是说，链路本地地址的前缀为 FE80::/10 。图 6-56 所示为链路本地地址。

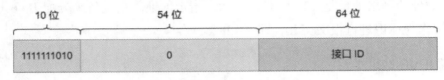

图 6-56　链路本地地址

③ 唯一本地地址。

虽然 IPv6 地址非常充足，但是 IANA 还是分配了一段私有 IP 地址。这种可以自行使用、不用申请的单播地址，叫作唯一本地地址。唯一本地地址只能在私有网络中使用，不能在全球路由，不同的私有网络可以复用这类地址。它的作用和范围与 IPv4 地址的私有 IP 地址相同。

唯一本地地址的前 7 位固定是 1111110，前缀为 FC00::/7。在它之前还有站点本地地址（Site Local Address），其前缀是 FEC0::/10 ，但它现在已被唯一本地地址取代。图 6-57 所示为唯一本地地址。

图 6-57　唯一本地地址

（2）多播（Multicast）地址

多播地址是一组接口的地址（通常分属不同节点）。发送到多播地址的数据包被送到由该地址标识的每一个接口，该地址同 IPv4 地址中的多播地址。图 6-58 所示为多播过程。

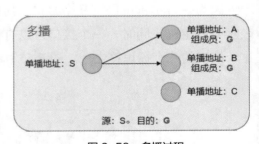

图 6-58　多播过程

多播地址不用于标识一台设备，而是用于标识一组设备，即一个多播组（Multicast Group）。发送多播数据包的通常是单台设备，该设备可以是多播组成员，也可以是其他主机，该数据包的目的地址是多播地址。

多播组成员可能是一台设备，也可能是这个网络上的所有设备。IPv6 地址中没有广播地址，但是有一个包含所有节点的多播组，该多播组和广播地址做相同的事情。

多播地址的前8位都是1，是一组节点的标识符；后面是4个标记位，再后面的4位表示地址范围；最后的112位作为组ID，用于标识不同的多播组。最后的112位中前面的80位是0，只使用后面的32位。图6-59所示为多播地址。

图6-59 多播地址

其中，"标记"表示为"000T"，高位顺序的3位是保留位，必须为0，最后一位"T"说明它是否被永久分配。其中，T的值为0时，表示该地址是已定义的、永久的多播地址；T的值为1时，表示该地址临时充当一些设备的多播组。

此外，"范围"是一个4位段，用于限制多播组的范围，不同的取值代表不同的范围。例如，值为1表示接口本地，值为2表示链路本地，值为3表示子网本地。

（3）任播（Anycast）地址

任播地址是一组接口地址。在大多数情况下，这些接口属于不同节点。发送到任播地址的数据包被送到由该地址标识的接口中的一个。图6-60所示为任播过程。

如果说单播是一对一、多播是一对多，那么任播就是一对最近的通信方式。

一个任播地址可以分配给多台设备，有多条路由到达相同的目的地，路由器会选择代价最小的路由进行数据转发，当最近的设备发生故障时，路由器可以把路由指向下一台最近的设备。图6-61所示为任播地址传播范围。

由于任播标准还在完善中，因此目前的设备不支持任播地址。

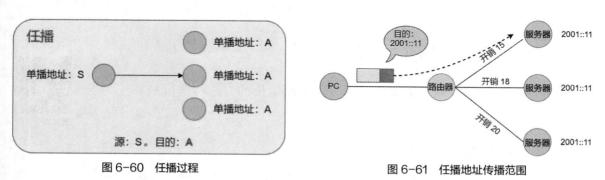

图6-60 任播过程　　　　　　　　图6-61 任播地址传播范围

6.2.5 了解子网划分技术

在规划IP地址时，常常会遇到这样的问题：随着接入网络中的主机增多，网络中的广播和干扰也增多，网络的性能就会下降。

以一个 B 类网络为例，其可容纳主机（$2^{16}-2$）台，可分配 65534 个有效 IP 地址。将这么多主机接入一个网络中，会增大网络管理难度，出现广播风暴、网络拥塞等问题。

为了减少一个大型网络中的广播和干扰，需要使用子网划分技术来解决。

1. 什么是子网划分技术

为了解决 IP 地址资源短缺的问题，同时也为了提高 IP 地址资源的利用率，引入了子网划分技术。子网划分技术把单一网络划分成多个物理网络，并使用三层设备将其连接起来，实现互联互通。划分子网的目的是提高网络管理效率。图 6-62 所示为多子网互连并通过路由通信的场景。

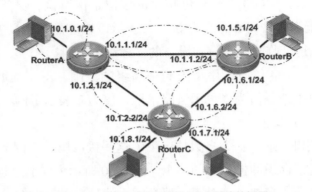

图 6-62　多子网互连并通过路由通信的场景

2. 子网掩码

网络标识对网络通信非常重要。但引入子网划分技术后，需要解决的一个重要问题：主机或路由设备如何区分一个给定的 IP 地址是否已被划分，进而正确地从 IP 地址中分离出有效的网络标识（包括子网号的信息）。可使用子网掩码来解决这个问题。

6.2.6　了解划分子网的方法

要将一个大型网络划分为多个子网，可采用借位的方法将主机地址变为子网地址。

子网划分方法

1. 子网划分方法

为保证网络地址的连续性，子网地址从主机地址的最高位开始借位，高位主机地址变为新的子网地址，剩余部分仍为主机地址，这就实现了子网划分。在划分子网的过程中，使用子网掩码区分网络地址和主机地址。借位使 IP 地址的两级结构（网络地址、主机地址）变为 IP 地址的三级结构（网络地址、子网地址、主机地址），如图 6-63 所示。

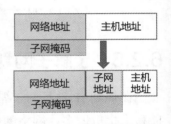

图 6-63　子网地址的借位结构

2. 规则子网的过程

首先，根据网络类型确定每一个子网号，确定子网数和每个子网的最大主机数。

接下来，确定需要多少位子网地址来标识网络上的每一个子网，确定需要多少位主机地址来标识每个子网上的主机。

最后，把已确定的网络地址和子网地址的各个二进制位都置为1，把主机地址对应的二进制位都置为0，再将该子网掩码的二进制形式转化为十进制形式，即得到所需的子网掩码。

举例如下。

一个B类IP地址为172.16.0.0，其默认子网掩码为255.255.0.0。通过借用主机地址第三个字节，划分出256个子网后，其子网掩码修改为255.255.255.0。划分成的子网依次为：

172.16.1.0 255.255.255.0，172.16.2.0 255.255.255.0……

引入子网后，网络地址加子网地址才能唯一地标识一个网络。一个B类IP地址完成子网划分后，子网掩码不再是B类标准掩码255.255.0.0，而是任意长度的子网掩码，所以该B类IP地址也称无类地址。

3. 不定长子网划分方法

某学院分配到一个C类IP地址：192.168.10.0 255.255.255.0。将这个IP地址分配给4个机房的计算机使用，需要划分出4个子网。

（1）分析

调查网络需求，得到如下需求：共有4个机房，每个机房有25台主机，这需要规划4个子网，每个子网内至少分配25个地址。图6-64所示为4个机房的IP地址结构。

（2）确定子网借位数

依据子网内的最大主机数，使用公式确定子网借位数：$2^n - 2 \geqslant$ 最大主机数。

每个机房规划25台主机，则 $2^n - 2 \geqslant 25$，计算出 n 的近似值为5，也就是需要规划5个地址段。按照子网划分规则，需要把主网络的地址延伸。因此从主机地址的最高位开始，借3位作为子网地址（因为 $2^2 = 4$，$2^3 = 8$，5介于 $4 \sim 8$，取最大值）。图6-65所示为IP地址子网规划结构。

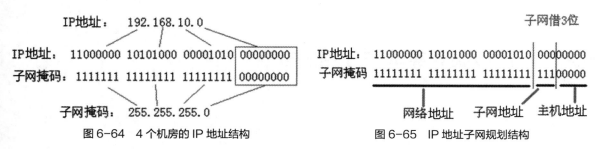

图6-64 4个机房的IP地址结构   图6-65 IP地址子网规划结构

确定子网借位数后，主网络的24位网络地址不变，新增3位子网地址，依次形成8

个子网的地址范围。图 6-66 所示为规划完成的子网个数。

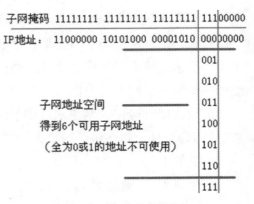

图 6-66   规划完成的子网个数

（3）确定可用子网地址

按照规则，首尾全 0、全 1 的废弃不用，由此得到 6 个可用子网地址。

11000000 10101000 00001010 00100000 = 192.168.10.32

11000000 10101000 00001010 01000000 = 192.168.10.64

11000000 10101000 00001010 01100000 = 192.168.10.96

11000000 10101000 00001010 10000000 = 192.168.10.128

11000000 10101000 00001010 10100000 = 192.168.10.160

11000000 10101000 00001010 11000000 = 192.168.10.192

这就得出所有子网的网络地址，通过计算，得出其子网掩码如下。

11111111 11111111 11111111 111 00000 = 255.255.255.224

（4）获得子网中的主机地址

依据每个子网的网络地址，规划相应 4 个机房的子网地址、子网掩码和子网内的主机 IP 地址，如下所示。

子网 1：192.168.10.32 。子网掩码：255.255.255.224。主机 IP 地址：192.168.10.33 ～ 62。

子网 2：192.168.10.64 。子网掩码：255.255.255.224。主机 IP 地址：192.168.10.65 ～ 94。

子网 3：192.168.10.96 。子网掩码：255.255.255.224。主机 IP 地址：192.168.10.97 ～ 126。

子网 4：192.168.10.128。子网掩码：255.255.255.224。主机 IP 地址：192.168.10.129 ～ 158。

子网 5：192.168.10.160 。子网掩码：255.255.255.224。主机 IP 地址：192.168.10.161 ～ 190。

子网 6：192.168.10.192 。子网掩码：255.255.255.224。主机 IP 地址：192.168.10.193 ～ 222。

注意：网络中主机地址全为 0 的 IP 地址是网络地址，全为 1 的 IP 地址是广播地址，不建议使用。

6.2.7   任务实施：实现 IP 子网通信

 任务描述

最近有学生到网络中心反映，学生宿舍 3 号楼 6 楼的网速很慢，还经常掉线。网络中心的老师排查后发现：该宿舍楼没有按楼层划分子网，整栋楼使用同一个网络，网络中充满了广播和干扰。需要按楼层划分子网，以提高网络传输效率。

实施过程

1. 连接设备

图 6-67 所示为学生宿舍楼的子网连接场景，使用配置线连接交换机的 Console 口，配置交换机。

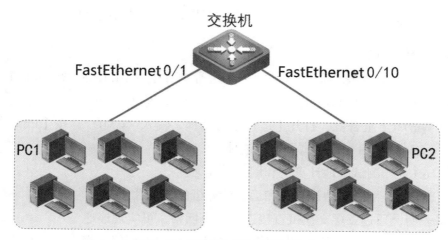

图6-67　学生宿舍楼的子网连接场景

2. 配置三层交换机

三层交换机的每个接口连接一个楼层网段，配置表 6-3 所示的地址，即可实现直连网段通信。

表 6-3　三层交换机接口的 IP 地址

接口	IP 地址	目标网段
FastEthernet0/1	172.16.1.1/24	172.16.1.0/24
FastEthernet0/10	172.16.2.1/24	172.16.2.0/24
PC1	172.16.1.2/24	172.16.1.1（网关）
PC2	172.16.2.2/24	172.16.2.1（网关）

三层交换机的每个三层接口连接一个子网，配置接口路由，实现子网通信。按如下步骤为连接的接口配置子网地址。

Switch#configure terminal　　　　　　!进入全局配置模式

Switch(config)#interface fastethernet 0/1　　!进入 FastEthernet 0/1 接口

Switch(config-if)#no switch　　　　!开启三层交换机接口路由功能

Switch(config-if)#ip address 172.16.1.1 255.255.255.0　!配置接口地址

Switch(config-if)#interface fastethernet 0/10　　!进入 FastEthernet 0/10 接口

Switch(config-if)#no switch　　　　　!开启三层交换机接口路由功能

Switch(config-if)#ip address 172.16.2.1 255.255.255.0　!配置接口地址

3. 查看三层交换机路由表信息

在三层交换机中使用"show ip route"命令查询路由表信息。

Switch#show ip route　　　　　　　!查看三层交换机路由表信息

4. 测试网络连通性

（1）打开 PC1 的【网络连接】对话框，勾选【常规】中的【Internet 协议 (TCP/IP)】选项，单击【属性】按钮，设置 TCP/IP 属性，配置表 6-3 所示的地址。

（2）按【Win+R】组合键，打开【运行】对话框，输入"CMD"，按【Enter】键，打开命令行窗口，输入 ping 命令，测试网络连通性。

ping 172.16.1.1　!测试本地计算机和网关的连通性

ping 172.16.2.2　!测试本地计算机和远程计算机的连通性

测试结果表明，通过三层交换机直接连接两个网络，可实现连通。

测试结果中若出现不能连通的测试信息，则表示组建的网络未连通、有故障，需要检查网卡、网线和 IP 地址，看问题出在哪里。

科技之光

北斗卫星导航系统

北斗卫星导航系统（BeiDou Navigation Satellite System，BDS），是我国自行研制的全球卫星导航系统，也是继 GPS、GLONASS 之后的第三个成熟的卫星导航系统。北斗卫星如图 6-68 所示。

我国的 BDS、美国的 GPS、俄罗斯的 GLONASS、欧盟的 GALILEO，都是联合国卫星导航委员会认定的供应商。

BDS 由空间段、地面段和用户段 3 部分组成，可在全球范围内全天候、全天时为各类用户提供高精度、高可靠定位、导航、授时服务，并且具备短报文通信能力，已经初步具备区域导航、定位和授时能力，定位精度为厘米级别，测速精度为0.2米/秒，授时精度为10纳秒。

全球范围内已经有137个国家和地区与BDS签下了合作协议。随着全球组网的成功，BDS未来的国际应用空间将会不断扩展。

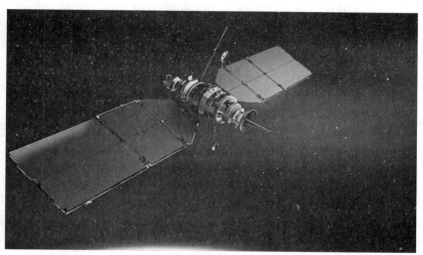

图6-68 北斗卫星

 认证试题

下面每一题的多个选项中，只有一个选项是正确的，将其填写在括号中。

1. 物理层的主要功能是利用物理介质为数据链路层提供物理连接，以便透明地传输（　　　）。

    A. 比特流   B. 帧序列   C. 分组序列   D. 包序列

2. 以下选项中，（　　　）功能不是数据链路层需要实现的。

    A. 差错控制   B. 流量控制   C. 路由选择   D. 组帧和拆帧

3. 传输层向用户提供（　　　）。

    A. 点到点服务   B. 端到端服务

    C. 网络到网络服务   D. 子网到子网服务

4. 以下选项中，（　　　）是正确的 Ethernet MAC 地址。

    A. 00-01-AA-08   B. 00-01-AA-08-0D-80

    C. 1203   D. 192.2.0.1

5. TCP/IP 网络通信标准没有规定的内容是（　　　）。

    A. 主机的寻址方式   B. 主机的网络操作系统

    C. 主机的命名机制   D. 信息的传输规则

6. 以下选项中，（　　）不是 IP 服务的特点。

   A. 不可靠　　　　　　B. 面向无连接　　　　C. QoS 保证　　　D. 尽最大努力

7. 以下关于 TCP 和 UDP 的描述中，正确的是（　　）。

   A. TCP 是端到端的协议，UDP 是点到点的协议

   B. TCP 是点到点的协议，UDP 是端到端的协议

   C. TCP 和 UDP 都是端到端的协议

   D. TCP 和 UDP 都是点到点的协议

8. 以下选项中，（　　）服务使用 POP3。

   A. FTP　　　　　　　B. E-mail　　　　　　C. WWW　　　　D. Telnet

9. 关于 TCP/IP 分层模型中传输层的功能，以下描述中错误的是（　　）。

   A. 传输层可以为应用进程提供可靠的数据传输服务

   B. 传输层可以为应用进程提供透明的数据传输服务

   C. 传输层可以为应用进程提供数据格式转换服务

   D. 传输层可以屏蔽低层数据通信的细节

10. 在 Internet 中，ARP 用于解析（　　）。

   A. IP 地址与 MAC 地址的对应关系　　　　B. MAC 地址与端口号的对应关系

   C. IP 地址与端口号的对应关系　　　　　　D. 端口号与主机名的对应关系

单元7

掌握IEEE 802通信标准

07

技术背景

网络管理人员在工作中会遇到很多网络故障，大部分网络故障都发生在本地，需要及时排除。和 Internet 通信过程不同的是，广泛应用的校园网、企业网等局域网在通信过程中都使用以太网通信标准。因此，深入了解以太网通信技术，可以提升网络管理水平。

本单元主要讲解局域网通信标准和以太网组网技术，帮助学生掌握相关内容。

技术导读

学习任务	能力要求	技术要求
任务 7.1　熟悉局域网通信标准	能够优化局域网的数据传输效率	了解局域网通信系统的组成、IEEE 802 通信标准和 IEEE 802.3 通信标准
任务 7.2　掌握以太网组网技术	能够组建简单的以太网（局域网）	熟悉以太网组网技术，掌握以太网通信过程

任务 7.1　熟悉局域网通信标准

任务描述

机房中出现网络故障，网络中心的老师耐心地对小明说："大部分网络故障都发生在本地，只要熟悉局域网的通信原理，就能及时排除网络故障。"学校的网络是典型的局域网，局域网使用的是 IEEE 802 通信标准。因此，熟悉局域网的通信标准，就能熟练地排除大部分网络故障。

局域网是覆盖范围较小的网络，它具有安装便捷、组建成本低、扩展方便等特点，因此得到了广泛的应用，先后出现了很多不同类型的局域网组网技术。1980年2月，电气与电子工程师学会（Institute of Electrical and Electronics Engineers，IEEE）成立局域网标准化委员会，完成制定局域网通信标准的任务。

技术介绍

7.1.1 了解局域网通信系统的组成

一个完整的局域网通信系统由硬件和软件两部分组成。其中，硬件包括计算机、网络适配器、传输介质、网络互连设备、外围设备，软件包括网络操作系统和网络通信协议（TCP/IP）、网络应用软件，如图7-1所示。

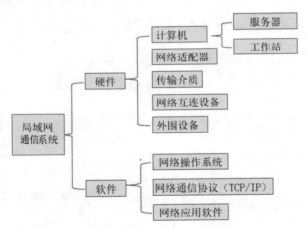

图7-1 局域网通信系统的组成

7.1.2 了解 IEEE 802 通信标准

当局域网逐渐应用到商业领域之后，IEEE 成立了局域网标准委员会，从事局域网标准化工作，完成局域网通信标准的制定，这些标准被称为 IEEE 802 通信标准，其主要内容如下。

（1）IEEE 802.1：局域网概述、局域网体系结构和网络互连。

（2）IEEE 802.2：逻辑链路控制子层的功能与服务。

（3）IEEE 802.3：CSMA/CD 及其规范。

（4）IEEE 802.4：令牌总线网的访问控制方法及规范。

（5）IEEE 802.5：令牌环网的访问控制方法及规范。

（6）IEEE 802.6：城域网。

（7）IEEE 802.7：宽带技术。

（8）IEEE 802.8：光纤技术。

（9）IEEE 802.9：综合语音与数据局域网（IVD LAN）技术。

（10）IEEE 802.10：局域网安全性规范。

（11）IEEE 802.11：无线局域网技术。

（12）IEEE 802.12：高速局域网。

（13）IEEE 802.14：电缆电视。

……

以太网技术
规范

7.1.3　掌握 IEEE 802 通信标准中的功能

在 IEEE 802 通信标准中，主要规范的内容是：在局域网中如何访问传输介质（如光缆、双绞线等），设备之间如何建立、维护和拆除连接，如何传输数据等。根据局域网的特征，局域网的体系结构仅包含 OSI 参考模型的最低两层，即物理层和数据链路层。

此外，基于局域网的通信特点，IEEE 802 通信标准将数据链路层进一步细分为两个子层，分别是逻辑链路控制（Logical Link Control，LLC）子层和介质访问控制（Medium Access Control，MAC）子层。图 7-2 所示为 IEEE 802 通信标准。

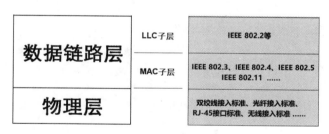

图 7-2　IEEE 802 通信标准

因为局域网主要用于实现本地网络中计算机之间的通信，所以局域网的通信过程只覆盖 OSI 参考模型的最低两层。图 7-3 所示为 OSI 参考模型和 IEEE 802 通信标准之间的关系。

1. 了解 IEEE 802 通信标准中物理层的功能

局域网的物理层是最终的通信发生层，需要确保在物理链路上正确传输二进制信号，传输过程包括信号编码 / 解码、同步前导码的生成与去除、二进制位信号的发送与接收。此外，物理层还需要处理机械特性、电气特性，实现网络传输

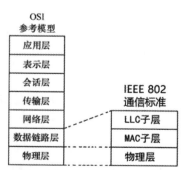

图 7-3　OSI 参考模型和 IEEE 802
通信标准之间的关系

中比特流的传输与接收。

图 7-4 所示为物理层设备的接口。IEEE 802 通信标准规定了访问物理介质标准、物理介质连接设备标准、连接单元和物理收发信号格式等技术规范。

图 7-4　物理层设备的接口

2. 了解 IEEE 802 通信标准中数据链路层的功能

前面讲过数据链路层可拆成两个子层：MAC 子层和 LLC 子层。其中，与接入传输介质有关的内容放在 MAC 子层；而 LLC 子层与传输介质无关，它用于建立和上层传输的逻辑链路，实现透明传输。下面详细介绍。

（1）MAC 子层

MAC 子层解决与传输介质接入有关的问题，在物理层的基础上实现无差错的通信。

例如，在广播型网络（以太网、无线局域网）中，MAC 子层负责实现介质访问控制机制，不同类型的局域网使用不同的介质访问控制协议，如图 7-5 所示。而非广播型网络中不存在这种情况，因为其节点唯一，不需要寻址，也不存在争用。

另外，MAC 子层还涉及局域网通信中的物理寻址，即在发送数据时，设备将上层数据包封装成数据帧发送，提供不同的介质访问控制方法；在接收数据时，将收到的数据帧拆卸成数据包交给上层，进行比特差错检查与寻址。

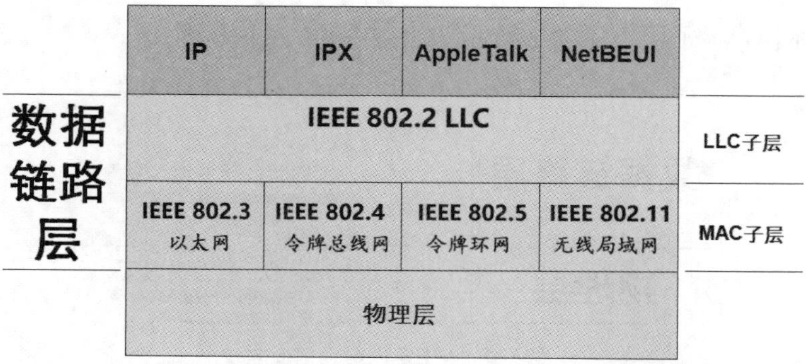

	IP	IPX	AppleTalk	NetBEUI	
数据链路层	IEEE 802.2 LLC				LLC子层
	IEEE 802.3 以太网	IEEE 802.4 令牌总线网	IEEE 802.5 令牌环网	IEEE 802.11 无线局域网	MAC子层
	物理层				

图 7-5　MAC 子层为不同的局域网提供不同的介质访问控制协议

（2）LLC 子层

LLC 子层通过不同方法把接收到的 MAC 子层数据封装成统一的 LLC 格式，向网络层提供一致的服务。

LLC 子层用于向网络层提供服务，建立和释放数据链路层逻辑连接；实现数据和网络层协议协商，提供给网络层访问接口（服务访问点），使数据能在物理链路上传输。LLC 子层承上启下，为上层服务，如图 7-6 所示。

图 7-6　LLC 子层承上启下，为上层服务

LLC 子层和 MAC 子层共同实现数据链路层的功能，将数据封装成数据帧，并对数据帧进行顺序控制、差错控制和流量控制，使不可靠的物理链路变为可靠的逻辑链路。

图 7-7 所示为 IEEE 802 通信标准与 OSI 参考模型及 TCP/IP 标准的对应关系。

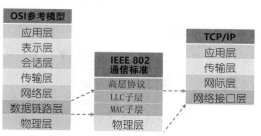

图 7-7 IEEE 802 通信标准与 OSI 参考模型及 TCP/IP 标准的对应关系

7.1.4 了解 IEEE 802.3 通信标准

IEEE 802.3 通信标准是 IEEE 802 通信标准中最重要的通信标准，应用于以太网中，用来描述物理层和数据链路层中 MAC 子层的实现方法。其中，在网络拓扑结构方面，IEEE 802.3 通信使用星形、总线型拓扑结构；在介质访问控制方面，IEEE 802.3 通信通过同轴电缆、双绞线及光纤等多种传输介质以多种速率实现高速传输，它是应用最为广泛的局域网通信标准。IEEE 802.3 通信标准由 3 个基本单元组成，内容如下。

（1）传输介质，用于传输计算机之间的以太网信号。

（2）介质访问控制规则，嵌入在每个以太网接口中，使所有互连的计算机可以共享以太网信道。

（3）以太网数据帧，由一组标准比特位构成，用于实现标准化数据传输。

CSMA-CD
介质访问原理

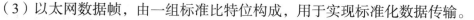

任务 7.2 掌握以太网组网技术

任务描述

在网络中心做网络管理员的期间，小明经常听到网络中心的老师说校园网、办公网、园区网等术语。上课时，老师说这些网络都属于以太网。小明很困惑，不知道为什么校园网又叫以太网，于是网络中心的老师就给小明详细讲解了以太网组网技术。

任务分析

以太网组网技术最早由 Xerox 公司提出，并由 Xerox、Intel 和 DEC 3 家公司联合开发，实现商用，最终发展成局域网中最重要的、应用最广泛的组网技术。在以太网技术标准中，以太网组网技术使用 CSMA/CD，避免在网络中发生冲突，并制定了 10Mbit/s、100Mbit/s、1000Mbit/s、10Gbit/s 和 100Gbit/s 等多种传输标准，具有良好的开放性。

技术介绍

7.2.1　了解以太网

自 20 世纪 60 年代以来，出现了许多局域网组网技术。其中，以太网最为典型。

历经多年的技术革新，以太网以低成本、高可靠性及高传输速率，占据了局域网市场 90% 以上的份额，得到了广泛应用，出现在宿舍网、校园网、企业网等多种应用场景中。

早期的以太网使用 50Ω 细缆，采用总线型拓扑结构，站点网卡的接口为 DB-15。图 7-8 所示为总线型以太网。

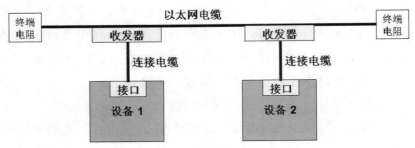

图 7-8　总线型以太网

总线型以太网的传输速率仅为 3Mbit/s，影响应用。1980 年，Xerox、Intel 和 DEC 3 家公司联合推出了改进的以太网，其采用星形拓扑结构，有一个中心节点设备。图 7-9 所示为星形以太网。

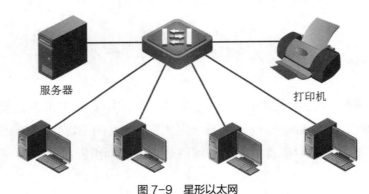

图 7-9　星形以太网

改进后的以太网使用 IEEE 802.3 通信标准，不仅容易管理，还便于检测故障。

随着交换技术的应用，1995 年，百兆的快速以太网（Fast Ethernet）技术出现；1997 年，千兆以太网（Gigabit Ethernet）技术出现，其传输速率提高到了 1Gbit/s；2002 年，以太网的传输速率提高到了 10Gbit/s。

现在，以太网超过所有竞争对手，在光纤网上实现了 100Gbit/s 的传输速率。

7.2.2　了解以太网历史

以太网是当今局域网中最通用的组网技术之一，其使用 IEEE 802.3 通信标准，并以多种不同的传输速率运行在多种类型的线缆上。自 20 世纪 60 年代以来，以太网历经多次革新和发展。

1. 第一代以太网技术标准

第一代以太网技术标准出现在 1983 年，首次定义为 IEEE 802.3 通信标准，其传输速率为 10Mbit/s，共包括 4 种技术标准，如图 7-10 所示。

MAC子层	CSMA/CD			
物理层	10BASE-5	10BASE-2	10BASE-T	10BASE-F

10：表示信号在电缆上传输速度为10Mbit/s。
BASE-：表示电缆上的信号是基带信号。
5：表示网络中每一段电缆的最大长度为500米。

图 7-10　第一代以太网技术标准

（1）10BASE-5 标准

10BASE-5 标准以太网也称为粗缆以太网，其使用粗缆连接，传输速率为 10Mbit/s。其中，每个网段允许连接 100 台终端，单个网段最大长度不超过 500 米。图 7-11 所示为 10BASE-5 标准以太网。

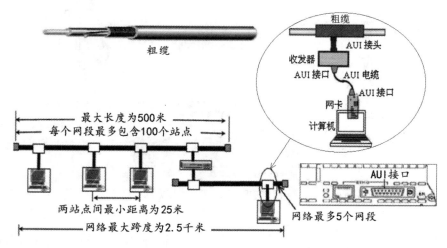

图 7-11　10BASE-5 标准以太网

（2）10BASE-2 标准

10BASE-2 标准以太网，也称细缆以太网，其使用细缆连接，传输速率为 10Mbit/s。其中，每一段电缆长度不超过 200 米，每个网段允许连接 30 台终端。它使用 5-4-3 中继规则，网络最大跨度可扩展到 925 米。图 7-12 所示为 10BASE-2 标准以太网。

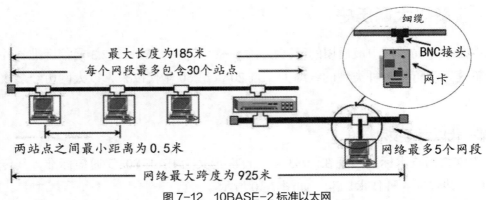

图 7-12　10BASE-2 标准以太网

（3）10BASE-T 标准

10BASE-T 标准以太网采用 3 类以上双绞线，单个网段的最大长度为 100 米，传输速率为 10Mbit/s，使用标准的 RJ-45 接口，采用以集线器为中心的星形拓扑结构，同样可以使用 5-4-3 中继规则来扩展网络范围。图 7-13 所示为 10BASE-T 标准以太网。

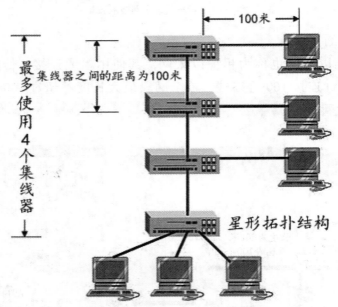

图 7-13　10BASE-T 标准以太网

（4）10BASE-F 标准

10BASE-F 标准以太网采用光纤作为传输介质，传输速率为 10Mbit/s，可用同步有源星形网络拓扑或无源星形网络拓扑来实现，其最大网络的单个网段长度分别为 500 米和 200 米。

2. 快速以太网技术标准

1995 年，IEEE 802.3 工作组正式批准，传输速率为 100Mbit/s 的快速以太网技术标准使用 IEEE 802.3u 通信标准。快速以太网规定了 4 种技术标准，如表 7-1 所示。

表 7-1　快速以太网技术标准

标准	传输介质	特性阻抗	最大网段长度	说明
100BASE-TX	2 对五类 UTP	100Ω	100 米	全双工工作方式，1 对用于发送数据，另 1 对用于接收数据
	2 对 STP	150Ω	100 米	
100BASE-FX	1 对单模光纤	8～125Ω	40000 米	主要用于高速主干网
	1 对多模光纤	62.5～125Ω	2000 米	
100BASE-T4	4 对三类 UTP	100Ω	100 米	3 对用于数据传输，1 对用于冲突检测
100BASE-T2	2 对三类 UTP	100Ω	100 米	1 对用于数据传输，1 对用于冲突检测

3. 千兆以太网技术标准

1996 年，IEEE 802.3z 工作组制定了高速以太网标准，包含 1000BASE-SX、1000BASE-LX、1000BASE-CX 等标准，确立了以太网组网技术在局域网组网技术中的主流地位。

高速以太网使用光纤与屏蔽双绞线把以太网的传输速率提升到了 1000Mbit/s，因此被称为千兆以太网。

1997 年，IEEE 802.3ab 工作组制定了 1000BASE-T 标准，研究长距离光纤与非屏蔽双绞线标准。千兆以太网规定了 4 种技术标准，如表 7-2 所示。

表 7-2　千兆以太网技术标准

标准	传输介质	信号源	说明
1000BASE-SX	50μm 多模光纤	短波长激光	全双工工作方式，最长传输距离为 550 米
	62.5μm 多模光纤	短波长激光	全双工工作方式，最长传输距离为 275 米
1000BASE-LX	9μm 单模光纤	长波长激光	全双工工作方式，最长传输距离为 550 米
	62.5μm 多模光纤 50μm 多模光纤	长波长激光	全双工工作方式，最长传输距离为 3000 米
1000BASE-CX	铜缆	—	最长传输距离为 25 米，使用 9 芯 D 型连接器连接电缆
1000BASE-T	五类 UTP	—	最长传输距离为 100 米

4. 万兆以太网技术标准

1999 年，IEEE 802.3ae 工作组进行了万兆以太网技术（10Gbit/s）的研究，并于 2002 年正式发布了基于 IEEE 802.3ae 通信标准的万兆以太网技术标准。由于万兆以太网的传输速率高，因此它使用的介质只能是光纤。

万兆以太网不再使用 CSMA/CD，因为过去的以太网技术都属于慢以太网技术，而万兆以太网的传输速率高，CSMA/CD 已不能满足万兆以太网的要求。此外，万兆以太网支持局域网和广域网接口，且万兆以太网的有效传输距离可达 40 千米，大大地改善了局域网性能。

万兆以太网的特点如下。

（1）使用多种类型的介质，提高以太网的传输速率。

（2）将大型局域网划分成多个子网，减少每个子网内的节点数量，使子网性能得到改善。

（3）用交换机替代集线器，通过交换技术优化网络传输。

7.2.3　熟悉以太网中的数据封装内容

1. 熟悉 MAC 地址

为了标识以太网上的每台设备，需要给每台设备分配唯一的以太网地址，即 MAC 地址。每个以太网使用的 MAC 地址的长度为 48 位（6 字节），由两部分组成。其中，前 3 字节为供应商代码，后 2 字节为设备号。MAC 地址中间以点号或连字符分隔，使用十六进制数表示。因此，MAC 地址有时也称为点分十六进制数。图 7-14 所示为以太网使用的 MAC 地址（物理地址）。

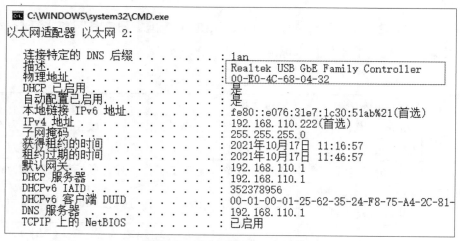

图 7-14　以太网使用的 MAC 地址

2. 掌握以太网数据帧的组成结构

以太网中的设备发出的数字信号，需要封装成数据帧形态才可以传输。数据帧是数据在数据链路层中的格式。

其中，以太网数据帧的基本内容包括前导码（8 字节）、目的（MAC）地址（6 字节）、源（MAC）地址（6 字节）、类型（2 字节）、数据（46 ~ 1500 字节）、帧校验序列（4 字节）。图 7-15 所示为以太网数据帧的内容。

8	6	6	2	可变	4
前导码	目的地址	源地址	类型	数据	帧校验序列

图 7-15　以太网数据帧的内容

以太网数据帧是以太网中数据的封装形态，可以把它看作火车，火车有车头和车尾，数据帧同样有帧头和帧尾。其中，帧头主要包含传输的 MAC 地址，帧尾主要进行帧校验和纠错。图 7-16 所示为以太网数据帧的组成。

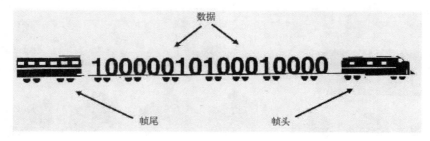

图 7-16　以太网数据帧的组成

7.2.4　掌握以太网通信过程

1. 了解共享式以太网传输技术

共享式以太网在传输过程中的主要问题是：所有用户共享带宽，每个用户的实际带宽随网络中用户的增多而减少。当网络传输繁忙时，多个用户同时争用共享信道，而共享信道在某一时刻只允许一个用户占用，所以大量用户经常处于等待状态。

在共享信道上产生广播，会造成干扰，严重影响网络性能。图 7-17 所示为共享式以太网广播传输的场景。

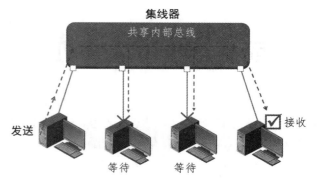

图 7-17　共享式以太网广播传输的场景

2. 了解交换式以太网传输技术

为了从根本上解决网络带宽问题，可以将交换技术引入以太网，组建交换式以太网。

交换机工作原理

交换式以太网中引入了网桥、交换机等交换设备，为每个用户提供专用信道，使源端口与目的端口之间可同时通信而不发生冲突。在交换式以太网中，各用户独占信道，独享带宽。

在交换式以太网中，随着用户的增多，每个用户的实际带宽不会减少，即使网络负荷很重也不会导致网络性能下降，因此，交换式以太网从根本上解决了网络带宽问题。交换式以太网的核心设备是交换机。交换机有多个端口，就能同时提供多条传输信道，允许多个用户同时进行数据传输，如图 7-18 所示。

图 7-19 所示的交换式以太网同时建立了多条通信链路，依据学习到的 MAC 地址表进行

通信。与共享式以太网相比，交换式以太网大大提高了网络传输效率。

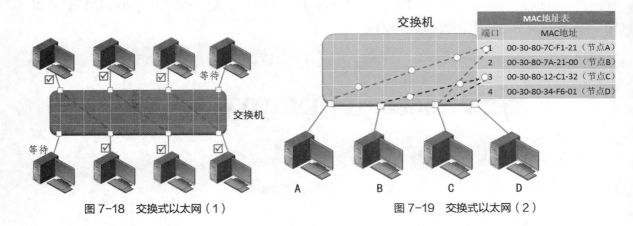

图 7-18　交换式以太网（1）　　　　　　图 7-19　交换式以太网（2）

科技之光

"天河一号"超级计算机

　　2009 年 10 月 29 日，由国防科学技术大学研制的第一台国产千兆次超级计算机"天河一号"在湖南长沙亮相，其测试运算速度可以达到每秒 2570 兆次（一兆等于一万亿）。二期系统（TH-IA）于 2010 年 8 月在国家超级计算天津中心完成升级。

　　"天河一号"超级计算机使用我国自行研发的"龙"芯片。每秒 1206 兆次的峰值速度和每秒 563.1 兆次运行速度的实测性能，使"天河一号"超级计算机位居 2010 年 8 月 15 日公布的中国超级计算机之首，也使中国成为继美国之后，世界上第二个能够自主研制千兆次超级计算机的国家。图 7-20 所示为"天河一号"超级计算机。

　　2010 年 11 月 14 日，国际 TOP500 组织在网站上公布了全球超级计算机前 500 强排行榜，"天河一号"排名全球第一。2012 年 6 月 18 日，国际超级计算机组织公布的全球超级计算机 500 强名单中，"天河一号"排名全球第五，超级计算深圳中心的"星云"超级计算机排名全球第十。

　　"天河一号"超级计算机于 2010 年投入使用后，在航天、天气预报、气候预报和海洋环境模拟方面均取得显著成就。

图 7-20　"天河一号"超级计算机

认证试题

下面每一题的多个选项中，只有一个选项是正确的，将其填写在括号中。

1. 为一个建筑物中的几个办公室组建网络，一般采用（　　）技术。

　　A. 互联网　　　　　　B. 局域网　　　　　C. 城域网　　　　D. 广域网

2. 交换式局域网的核心设备是（　　）。

　　A. 中继器　　　　　　B. 局域网交换机　　C. 集线器　　　　D. 路由器

3. 计算机网络的拓扑结构主要是指（　　）。

　　A. 资源子网的拓扑结构　　　　　　　　B. 通信子网的拓扑结构

　　C. 通信线路的拓扑结构　　　　　　　　D. 主机的拓扑结构

4. 在OSI参考模型中，（　　）负责网络通信二进制传输、电缆规格定义。

　　A. 表示层　　　　　　B. 传输层　　　　　C. 数据链路层　　D. 物理层

5. 以下选项中，（　　）是正确的以太网MAC地址。

　　A. 00-01-AA-08　　B. 00-01-AA-08-0D-80　C. 1203　　D. 192.2.0.1

6. 以太网中使用的CSMA/CD方法为（　　）。

　　A. 随机延迟后重发　　　　　　　　　　B. 固定延迟后重发

　　C. 等待用户命令后重发　　　　　　　　D. 多帧合并后重发

7. 在总线型局域网中，由于总线作为公共传输介质被多个节点共享，因此，在工作过程中需要解决的问题是（　　）。

　　A. 拥塞　　　　　　　B. 冲突　　　　　　C. 交换　　　　　D. 互联

8. 以下关于组建一个多集线器10Mbit/s以太网的配置规则中，（　　）是错误的。

　　A. 可以使用三类非屏蔽双绞线

　　B. 每一段非屏蔽双绞线的长度不能超过100米

　　C. 多个集线器之间可以堆叠

　　D. 网络中可以出现环路

9. 在令牌总线和令牌环局域网中，令牌用于控制节点对总线的（　　）。

　　A. 传输速率　　　　　B. 传输延迟　　　　C. 误码率　　　　D. 访问权

10. 在同一计算机网络中，联网计算机之间的通信必须使用共同的（　　）。

　　A. 体系结构　　　　　B. 网络协议　　　　C. 操作系统　　　D. 硬件结构

单元8
了解广域网接入技术

08

📖 **技术背景**

　　妈妈和小明说，家里的网络速度很慢，现在都流行光纤入户。因此，小明就和妈妈商量去电信营业厅办理光纤宽带，以提升家里的网速。人类已经步入互联网时代，无论是家庭还是企事业单位，都需要把局域网接入互联网中，才能享受互联网时代的新生活。

　　本单元主要讲解如何实现家庭 ADSL 宽带上网和家庭无线上网，帮助学生了解常见的广域网接入技术。

✏️ **技术导读**

	学习任务	能力要求	技术要求
任务 8.1	实现家庭 ADSL 宽带上网	能够实现家庭宽带接入互联网	了解广域网通信模型，了解广域网接入技术，了解 ADSL 家庭宽带接入方式
任务 8.2	实现家庭无线上网	能够配置家庭无线局域网	了解无线局域网，认识无线路由器

任务 8.1 实现家庭 ADSL 宽带上网

任务描述

妈妈和小明说："家里的网很卡，看视频总是中断。"小明和妈妈说："家里现在使用的是您单位的局域网，使用的人数多，网速当然很慢。现在新建的小区都使用小区宽带，安装光猫，独享带宽，速度飞快。"小明建议妈妈也去申请一条家庭宽带，使用光猫上网。

任务分析

家庭宽带利用连接千家万户的电话网络，以现有电话线为传输介质，通过 ADSL 高速宽带接入技术，提供上、下行非对称传输速率，实现高速传输。中国电信家庭光纤宽带直接入户的 ADSL 业务，是目前家庭宽带接入应用最多的技术。

技术介绍

什么是广域网

8.1.1 了解广域网通信模型

OSI 参考模型同样适用于广域网。

广域网是传输网络，用于将地理位置相隔很远的局域网连接起来，负责远程网络的传输任务。因此，广域网接入技术只涉及 OSI 参考模型的下 3 层：物理层、数据链路层和网络层。图 8-1 所示为广域网在 OSI 参考模型中的结构。

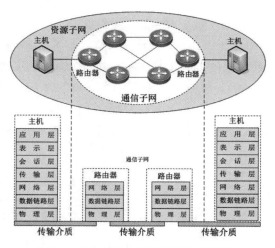

图 8-1 广域网在 OSI 参考模型中的结构

广域网中的主要设备及使用的通信协议，都集中在 OSI 参考模型的物理层和数据链路层，如图 8-2 所示。

数据链路层	LAPB（平衡链路接入）、Frame Relay、HDLC、 PPP、 SDLC
物理层	X. 21 、EIA/TIA-232、EIA/TIA-449、 V. 24、V. 35、HSSI、G. 73、EIA-530

图 8-2　广域网中的主要设备及使用的通信协议

1．物理层

广域网的物理层用于描述如何为广域网提供电气、机械、操作和功能的连接标准，如V.35 接口标准。图 8-3 所示为广域网的物理层设备。

图 8-3　广域网的物理层设备

广域网的连接方式通常可分为专线连接、电路交换连接、包交换连接 3 种，都使用同步或异步串行连接。

表 8-1 中列举了广域网常用的物理层标准。

表 8-1　广域网常用的物理层标准

标准	描述
EIA/TIA RS-232	在小范围内，它允许 25 针 D 连接器上的信号传输速率最高为 64 kbit/s，以前被称为 RS-232
EIA/TIA RS-449 EIA-530	它是 EIA/TIA-232 的高速版本（速率最高为 2Mbit/s），使用 36 针 D 连接器，传输距离更远，也被称为 RS-422 或 RS-423
EIA/TIA-612/613	该标准使用高速串行接口（High-Speed Serial Interface，HSSI）和使用 50 针 D 连接器，可以提供 T3（45Mbit/s）、E3（34 Mbit/s）和同步光纤网（Synchronous Optical Network，SONET）STS-1（51.84Mbit/s）速率接入服务
V.35	它是用来在网络接入设备和分组网络之间进行通信的一个同步、物理层协议的 ITU-T 标准，普遍用在美国和欧洲，其建议速率为 48kbit/s
X.21	它是用于同步数字线路上的串行通信 ITU-T 标准，使用 15 针 D 连接器，主要用在欧洲和日本

2．数据链路层

广域网的数据链路层定义了本地数据传输到远程站点的数据封装形式，定义了数据如何进行封装、使用什么协议封装。这都取决于广域网的拓扑结构和使用的通信设备。

应用在广域网的数据链路层的网络通信协议，主要有以下几种。

（1）PPP

PPP 是一种标准协议，它规定了同步或异步电路上路由器对路由器、主机对网络的连接通信方式。

（2）HDLC 协议

HDLC 标准是点对点、专用链路和电路交换连接上默认的封装类型。HDLC 协议是按位访问的同步数据链路层协议，它定义了同步串行链路上使用帧标识和校验和的数据封装方法。

（3）X.25 协议

X.25 协议是在公用数据网络上维护远程终端访问，以及实现与计算机通信的包交换协议，它定义了 DTE 与 DCE 之间的连接方式。X.25 协议提供了扩展错误检测和滑动窗口的功能，实现了在错误率很高的铜缆线路上传输数据。

（4）帧中继协议

帧中继协议是一种高性能的包交换协议，它适用于高可靠性的数字传输设备，并被应用于各种类型的网络接口上。

（5）ATM 协议

异步传输模式（Asynchronous Transfer Mode，ATM）协议是信元交换的国际标准，它可以在定长（53 字节）的信元中传输各种服务类型（如语音、视频、数据），适用于高速传输介质。

最常用的两个广域网协议是 HDLC 协议和 PPP，它们可以提供串行线路上的封装帧格式。

3. 网络层

广域网的网络层协议可以提供远程网络之间的连通，最典型的是 TCP/IP 中的 IP。

8.1.2　了解广域网接入技术

当选择广域网线路接入 Internet 时，有许多因素需要考虑，如实用性、带宽和费用。不同的单位按照各自的需求，选择不同的广域网接入技术，实现本地网络接入 Internet。常见的广域网接入技术包括 PSTN、ISDN、ADSL 、VDSL、DDN、Cable-Modem、FTTH、EPON 和 PLC。

广域网接入技术

1. PSTN 接入技术

公用电话交换网（Public Switched Telephone Network，PSTN）接入技术也称为异步拨号接入方式，是早期的家庭上网方式，它通过电话拨号的方式接入 Internet。PSTN 拨号上网很简单，只要能打电话，并连上 Modem 即可，适合家庭用户和移动用户。但普通电话线提供的带宽有限，传输速率慢（最高为 56kbit/s），且在上网时不能拨打电话。图 8-4 所示为 PSTN 接入技术。

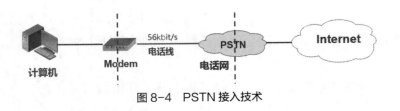

图 8-4　PSTN 接入技术

2. ISDN 接入技术

综合业务数字网（Integrated Services Digital Network，ISDN）接入技术，又称一线通接入技术，该技术适用于家庭和小分支机构。使用该技术将两个 B 信道集成在一起时，最高可提供 128 kbit/s 的传输速率。ISDN 接入技术也是电话线接入技术，与 PSTN 接入技术不同的是，它在拨打电话的同时还能实现上网。此外，ISDN 接入技术的接入速度较快，开机后只需要 1～3 秒就可接入，接入速率为 56 kbit/s～128kbit/s。图 8-5 所示为 ISDN 接入技术。

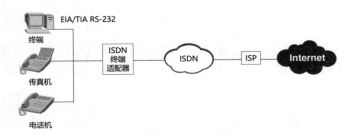

图 8-5　ISDN 接入技术

3. ADSL 接入技术

非对称数字用户线（Asymmetric Digital Subscriber Line，ADSL）接入技术也是普通电话线接入技术，它可以提供全天候的连接，实现家庭宽带接入。ADSL 接入技术支持上行最高 1Mbit/s 与下行最高 8Mbit/s 的不对称传输速率。使用 ADSL 接入技术时，无须拨号，网络始终在线。图 8-6 所示为 ADSL 接入技术。

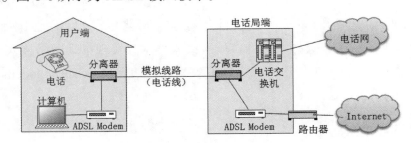

图 8-6　ADSL 接入技术

4. VDSL 接入技术

高速数字用户环路（Very-high-bit-rate Digital Subscriber Loop，VDSL）接入技术是 ADSL 接入技术的升级版，其下载速率最高可达 55Mbit/s、上传速率最高可达 2.3Mbit/s。

图 8-7 所示为 VDSL 接入技术。

VDSL 接入技术的接入费用较高，不适合家庭网络接入，适合企事业单位宽带接入。

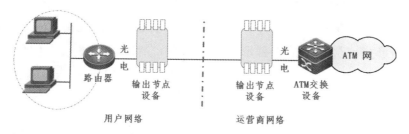

图 8-7　VDSL 接入技术

5. DDN 接入技术

数字数据网（Digital Data Network，DDN），也称 DDN 专网，其可以向用户提供永久性宽带数据专线连接，传输速率最高可达 2Mbit/s。DDN 接入技术一般采用专线接入方式，根据用户需要提供不同速率的带宽接入速度，适合企事业单位高速网络接入。图 8-8 所示为 DDN 接入技术。

图 8-8　DDN 接入技术

6. Cable-Modem 接入技术

线缆调制解调器（Cable-Modem）接入技术是一种高速 Modem 宽带接入技术，该技术利用有线电视网进行数据传输，可实现双向的、高速的数据传输，其上传速率为 500kbit/s ～ 10Mbit/s、下载速率为 2Mbit/s ～ 10Mbit/s。有线宽带网需要租用电信运营商的 Internet 出口。图 8-9 所示为 Cable-Modem 接入技术。

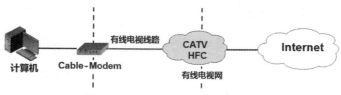

图 8-9　Cable-Modem 接入技术

7. FTTH 接入技术

光纤到户（Fiber to the Home，FTTH）接入技术是一种高速光纤接入技术，是家庭、企业、学校接入 Internet 时使用的接入技术。由于光纤具有传输距离远、带宽高、抗干扰能力强等特点，因此 FTTH 接入技术是一种非常理想的宽带接入技术。

对于建设完成的小区局域网，采用光缆加双绞线的方式对小区局域网进行综合布线，使家庭网络接入小区局域网，如图 8-10 所示，该局域网提供 1000Mbit/s 以上的带宽，用户可直接上网。根据光纤延伸距离，即光网络单元（Optical Network Unit，ONU）位置，光纤接入网有多种形式，最主要的 3 种形式是 FTTB（光纤到大楼）、FTTC（光纤到路边）、FTTH（光纤到户）。

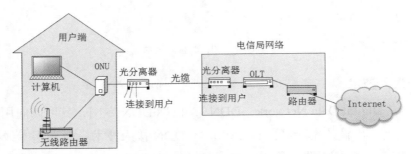

图 8-10　FTTH 接入技术

8．EPON 接入技术

以太网无源光网络（Ethernet Passive Optical Network，EPON）接入技术是一种新兴的宽带接入技术，它通过单一光纤接入系统，实现数据、语音及视频综合业务接入。EPON 是点对点光纤传输技术，此网络中不含任何电子器件，全部由光分配器等无源器件组成。图 8-11 所示为 EPON 接入技术。

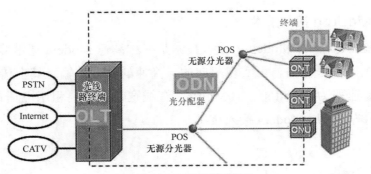

图 8-11　EPON 接入技术

EPON 接入技术为网络内的每个用户提供 66kbit/s 到 155Mbit/s 的带宽，用户可按需要选择不同的宽带。

9．PLC 接入技术

电力线通信（Power-Line Communication，PLC）接入技术是利用电线传输数据和语音信号的一种技术。家庭需要上网时，连接宽带的网线与"电猫"及电源插座如图 8-12 所示。

使用 PLC 接入技术时，终端的连接方式也采用宽带共享，可实现 14Mbit/s 或 45Mbit/s 的传输速率。图 8-13 所示为 PLC 接入技术。

图 8-12 连接宽带的网线与"电猫"及电源插座

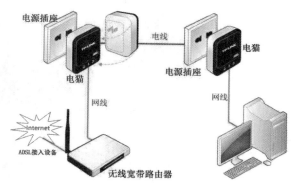

图 8-13 PLC 接入技术

8.1.3 了解 ADSL 家庭宽带接入方式

1. 使用 ADSL 时的传输过程

在传输过程中，ADSL 采用频分复用技术把电话线分成电话、上行和下行 3 条独立的传输信道，避免相互干扰，并使用数字用户线接入复用器（Digital Subscriber Line Access Multiplexer，DSLAM）接入互联网如图 8-14 所示。

通过 ADSL 宽带上网，即使边打电话边上网，上网速率和通话质量也不会下降。

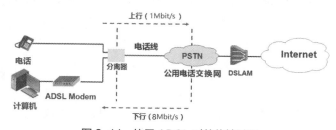

图 8-14 使用 ADSL 时的传输过程

2. 了解 ADSL 宽带接入方式

ADSL 通常应用到高速的数据接入、视频点播、网络互联业务、家庭办公、远程教学、远程医疗等方面。ADSL 宽带接入提供以下 3 种接入方式。

（1）桥接技术，直接提供静态 IP。

（2）基于 ATM 端对端协议（PPP over ATM，PPPoA）。

（3）基于以太网端对端协议（PPP over Ethernet，PPPoE）。

其中，后两种接入方式动态地给用户分配地址。目前，推荐家庭使用 PPPoE 接入方式，这样可以获得高速的接入带宽，如图 8-15 所示。

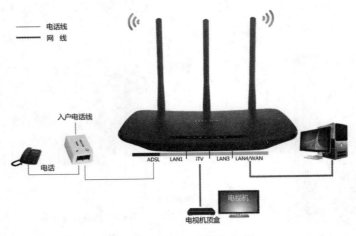

图 8-15　PPPoE 接入方式

任务 8.2　实现家庭无线上网

 任务描述

　　妈妈听取了小明的建议，家里开始使用 ADSL 接入 Internet，享受到了高速传输。为了把智能手机等设备也接入 Internet，减少 4G 上网费用，小明购买了无线路由器，组建家庭无线局域网，实现计算机及移动智能终端同时上网。

 任务分析

　　在家中安装家用的无线路由器，搭建家庭无线局域网，使家庭环境中的计算机、平板电脑、智能手机等设备都能快捷地接入 Internet。

 **技术介绍**

8.2.1　认识无线网络

　　无线网络是利用无线射频技术取代双绞线所构成的局域网。通过无线接入方式，用户可在没有线缆的情况下实现上网。

　　和有线网络一样，按照无线信号的覆盖范围，无线网络可以划分为 WPAN、WLAN、

WMAN 和 WWAN 这 4 类，如图 8-16 所示。

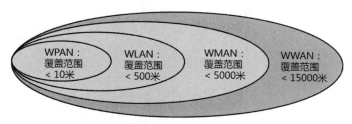

图 8-16   无线网络的分类

1. WPAN

无线个人区域网（Wireless Personal Area Network，WPAN）采用无线通信连接个人局域网，用于电话、计算机及附属设备等，实现小范围（＜ 10 米）内数字助理设备之间的通信，如图 8-17 所示。

在网络构成上，WPAN 位于网络末端，实现同一地点终端与终端之间的连接，如连接手机和蓝牙耳机等，能有效地解决"最后的几米电缆"的问题。

支持 WPAN 的技术包括蓝牙、IrDA、HomeRF 等。其中蓝牙技术应用最广泛，如蓝牙音箱、蓝牙耳机等。图 8-18 所示为蓝牙传输。

图 8-17   WPAN

图 8-18   蓝牙传输

2. WLAN

WLAN 指利用射频技术，使用 2.4GHz 频段电磁波作为传输媒介构成无线局域网，将无线射频信号覆盖范围内的计算机及移动智能终端连接起来，构成可互相通信和共享资源的无线网络体系，如图 8-19 所示。

WLAN 使用 2.4GHz 和 5GHz 两个频段传输信号，在生活中得到了广泛的应用。

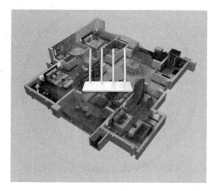

图 8-19   WLAN

3. WMAN

无线城域网（Wireless Metropolitan Area Network，WMAN）是由多个 WLAN 互相连接，形成的更大范围的无线网络。WMAN 作为"最后一公里"的宽带无线接入技术，能有效地解决本地城域网的无线接入问题。

4. WWAN

无线广域网（Wireless Wide Area Network，WWAN）也称为移动宽带网，是提供远程 Internet 接入的高速数字蜂窝网络。WWAN 的覆盖范围从几千米到十几千米。图 8-20 所示为 WWAN 的基站场景。

WWAN 使用移动网络信号通信。在移动网络服务商提供蜂窝电话地方，都能实现 WWAN 接入 Internet，如 3G、4G 及 5G 传输技术。

图 8-20　WWAN 的基站场景

8.2.2　了解无线局域网

1. 什么是无线局域网

WLAN 是计算机网络和无线通信技术相结合的产物，它利用射频（Radio Frequency，RF）技术取代传统的双绞线等有线连接技术，实现移动智能终端组建本地局域网络。WLAN 应用场景如图 8-21 所示。其中，"无线"描述了网络连接方式，WLAN 利用无线射频进行数据传输；"局域网"定义了网络覆盖范围，WLAN 可将本地区域内各种移动智能终端互联在一起，这个区域可以是一个房间、一栋楼、一所学校等。

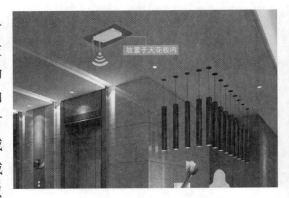

图 8-21　WLAN 应用场景

2. 无线传输频段

在无线传输过程中，信号的载体为电磁波。不同电磁波之间的主要区别就是频率。如果电磁波频率低，它的波长就长；如果电磁波频率高，波长就短。按频率由低到高，可将电磁波分为无线电、微波、红外线、可见光、紫外线、X 射线和 γ 射线。除紫外线及更高的频率的电磁波之外，其他频率的电磁波都被应用在实际生活中。图 8-22 所示为无线传输频段。

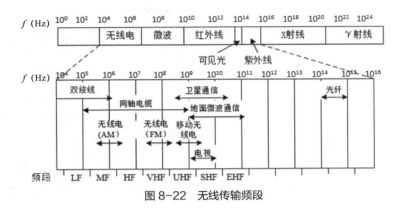

图8-22　无线传输频段

3. WLAN 传输频段

为了实现 WLAN 中的无线传输，ITU-R 组织设置了 ISM 免费传输频段。ISM 是"Industrial, Scientific, Medical"的缩写，指"工业、科学、医疗"免费应用的传输频段，开放给工业、科学、医疗 3 个领域研究使用，只要设备功率符合要求（低于 1W），不需要申请许可证，可以直接使用这些传输频段，大大方便了 WLAN 的应用和推广。图8-23 所示为 ISM 传输频段。

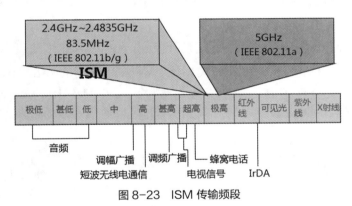

图8-23　ISM 传输频段

4. 无干扰的无线传输信道

2.4GHz 频段的带宽有 83.5MHz，为了容纳更多信息传输，按照 20MHz 的有效带宽划分出 13 条交叠信道。每条信道都有各自的中心频率，相邻信道中心频点之间的间隔为 5MHz。其中，3 条完全无干扰的信道分别是 1、6、11 信道，2.4GHz 频段中的无干扰信道如图8-24 所示。

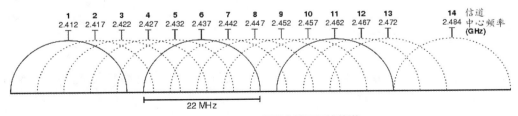

图8-24　2.4GHz 频段中的无干扰信道

5．CSMA/CA 协议

WLAN 使用带冲突避免的载波感应多路访问（Carrier Sense Multiple with Collision Avoidance，CSMA/CA）协议通信，该协议的传输规则如下。

（1）无线设备在送出数据前，监听信道状态，等没有设备使用信道时，维持一段时间后才发送数据。由于每台设备采用的随机时间不同，因此可以减少冲突。

（2）无线设备发送数据前，先发送一段小小的请求传送报文（Request to Send，RTS）给目标端，收到目标端回应的确认报文（Clear to Send，CTS）后才开始传送。利用 RTS-CTS 握手程序，可以确保传输数据时不会发生碰撞。同时，由于 RTS-CTS 封包很小，因此传送的无效开销也很小。

6．WLAN 的组网模式

WLAN 的组网模式分为两大类：一类是无固定设施的 Ad-Hoc 组网模式，另一类是有固定设施的 InfraStruction 组网模式。

其中，用 Ad-Hoc 组网模式组建无线局域网时，没有中心接入点来控制移动设备之间的通信，允许各设备之间直接进行通信。仅在组建小型无线局域网时应用 Ad-Hoc 组网模式，如图 8-25 所示。

有固定设施的 InfraStruction 组网模式使用无线 AP 设备将移动设备信号接入 WLAN 中，如图 8-26 所示。与 Ad-Hoc 组网模式相比，有固定设施的 InfraStruction 组网模式接入的无线设备更多，安全性更高，能把无线网络接入有线网络中，更具组网优势，也是主要的 WLAN 组网模式。

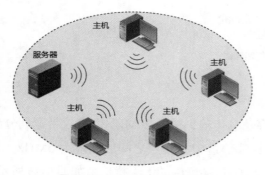

图 8-25　Ad-Hoc 组网模式

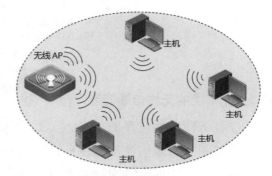

图 8-26　有固定设施的 InfraStruction 组网模式

8.2.3　认识无线路由器

组建 WLAN 的硬件包括无线网卡、无线 AP 设备、无线路由器、无线交换机及移动智能终端。图 8-27 所示为无线 AP 设备。

无线 AP 设备相当于有线网络中的集线器，负责把多台移动智能终端接入 WLAN 中，实现移动设备之间信号的传递。

但无线 AP 设备没有路由功能，不能直接与家庭宽带接入设备 ADSL Modem 相连。要实现家庭宽带 ADSL 接入 Internet，需要使用无线路由器。图 8-28 所示为无线路由器。

图 8-27　无线 AP 设备　　　　　　　　图 8-28　无线路由器

无线路由器是组建家庭无线局域网的首选设备，如图 8-29 所示，它把无线 AP 设备和宽带路由器融为一体，具有"无线 AP+ 路由"功能。无线路由器除可以实现无线连接之外，还可以实现通过 ADSL 自动拨号方式接入 Internet，提供有线及无线连接服务。

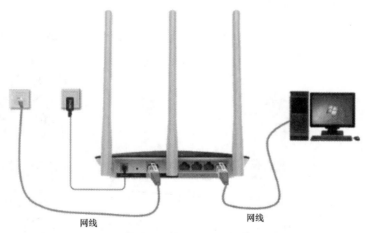

网线　　　　　　　　　网线

图 8-29　使用无线路由器组建家庭无线局域网

无线路由器根据入户宽带线路不同，分为通过电话线、光纤、网线 3 种 Internet 接入方式，连接场景分别如图 8-30 、图 8-31、图 8-32 所示。

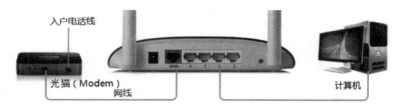

图 8-30　无线路由器通过电话线接入 Internet

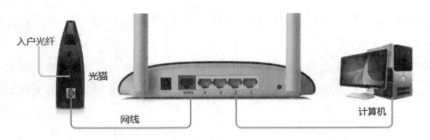

图 8-31　无线路由器通过光纤接入 Internet

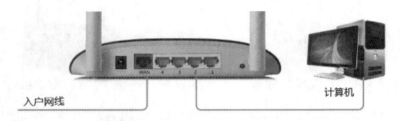

图 8-32　无线路由器通过网线接入 Internet

也就是说，用户设备一开机，家中的无线网络环境就自动建立，不需要手动拨号连接 Internet，可以自动实现和 Internet 的连接，如图 8-33 所示。

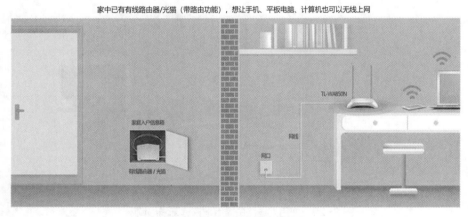

图 8-33　家庭宽带无线接入

8.2.4　任务实施：配置家庭无线局域网

任务描述

小明放假回家，看见家人都使用 4G 流量上网，这样不仅流量费用高，网速还很慢。因此，小明希望配置家庭无线局域网。在家中安装一台无线路由器，为家中的计算机、手机等设备提供 Wi-Fi，实现家庭无线上网，如图 8-34 所示。

图 8-34 家庭无线局域网组网场景

1. 连接宽带线路拓扑

将连接计算机的网线连接到无线路由器上 1 ～ 4 中的任意一个 LAN 口，将连接 Modem 的网线连接到无线路由器的 WAN 口，如图 8-35 所示。

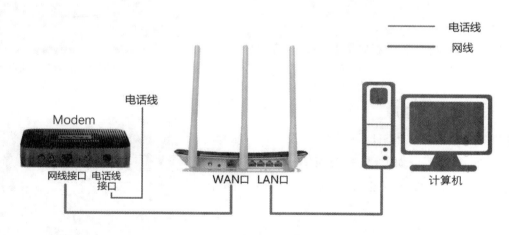

图 8-35 连接无线路由器

完成家庭无线路由器安装后，需要确认家庭宽带接入类型，选择一种无线路由器接入 Internet 的方式（电话线入户、光纤入户和网线入户）。

2. 登录无线路由器

每台无线路由器都有默认的 Wi-Fi 标识，如 TP-LINK_××××（多为厂商名字和随机关键字），且没有密码。选择以下一种方式登录无线路由器。

方式1：使用笔记本电脑、手机等，通过连接无线路由器默认Wi-Fi登录无线路由器。

方式2：无线路由器有线连接计算机，配置相同网段地址（例如，无线路由器的地址为192.168.1.1/24，则计算机的地址配置为192.168.1.2/24）。

按照如下步骤完成无线路由器的配置和管理。

打开浏览器，输入默认地址"192.168.1.1"，如图8-36所示，按【Enter】键。

初次登录无线路由器时，需要设置管理员密码，如图8-37所示。

图8-36　通过浏览器访问无线路由器

3．填写账号及密码

单击【确定】按钮后，无线路由器会自动检测上网方式。这时，需要输入运营商提供的宽带账号、宽带密码，单击【下一步】按钮，如图8-38所示，然后按照向导方式操作即可。

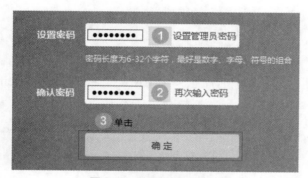

图8-37　设置管理员密码

图8-38　输入运营商提供的宽带账号及密码

4．设置Wi-Fi信息

分别在2.4GHz与5GHz频段中，设置对应的无线名称和无线密码，如图8-39所示。设置成功后，无线路由器会同时发出在2.4GHz和5GHz频段的无线信号。

5．尝试上网

无线路由器设置成功。家中计算机使用网线连接无线路由器的LAN口，其他设备搜索附近Wi-Fi，通过家庭宽带无线的方式接入Internet，如图8-40所示。

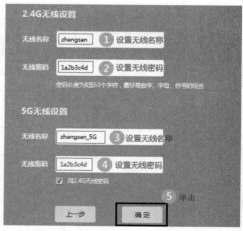

图8-39　设置2.4GHz和5GHz频段对应的无线名称和无线密码

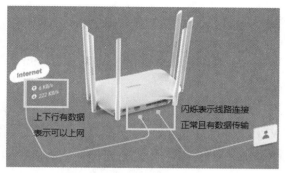

图 8-40　家庭设备使用无线或有线方式上网

注意：以上以 TP-Link 无线路由器为例进行说明，对于不同厂商生产的无线路由器，登录过程一样，配置过程稍有不同，可根据产品说明书完成无线路由器配置。

科技之光

我国互联网发展成绩全球领先

数据显示，2008 年，我国网民数量居世界第一，当年 6 月达到了 2.53 亿人。

随着我国互联网的普及，我国网民规模快速增长，截至 2021 年 6 月底，我国网民数量破 10 亿，达 10.11 亿人，较 2020 年 12 月底增加了 0.22 亿人。庞大的网民规模可以为推动我国经济高质量发展提供强大内生动力，加速我国数字新型基础设施建设、打通国内大循环、促进数字政府服务水平提升。此外，随着智能手机的普及及移动互联网的不断发展，我国手机网民规模快速增长。截至 2020 年 12 月底，我国手机网民达 9.86 亿人，较 2020 年 3 月底增加了 0.89 亿人。截至 2021 年 6 月底，我国手机网民达 10.07 亿人，较 2020 年 12 月底增加了 0.21 亿人。

我国接入互联网以来，信息基础设施建设实现了高速发展，移动通信在 2G 跟随、3G 突破、4G 赶超的基础上，实现 5G 引领，建成了全球最大的固定光纤网络、5G 网络，IPv6 网络建设提速，天地一体化信息网络正加快构建。

认证试题

下面每一题的多个选项中，只有一个选项是正确的，将其填写在括号中。

1. 以下不属于 ADSL 接入技术特点的是（　　　）。

　A．直接利用用户现有电话线路，节省成本

B．采用总线型拓扑结构，用户可独享高带宽

C．上网、通话互不影响

D．安装简单，只需要在普通电话线上加装 ADSL Modem，在计算机上装上网卡即可

2．ADSL 对应的中文是（　　　）。

A．非对称数字用户线   B．专线接入和 VLAN

C．固定接入和 VLAN   D．专线接入和虚拟拨号

3．在 TCP/IP 体系结构中，（　　　）用于实现 IP 地址到 MAC 地址的转换。

A．ARP   B．RARP   C．ICMP   D．TCP

4．关于 ADSL 接入技术，下面选项中不正确的是（　　　）。

A．ADSL 采用不对称的传输技术   B．ADSL 采用时分复用技术

C．ADSL 的下行速率可达 8Mbit/s   D．ADSL 采用频分复用技术

5．调制解调器的主要功能是（　　　）。

A．模拟信号的放大   B．数字信号的放大

C．数字信号的编码   D．模拟信号与数字信号之间的相互转换

6．以下关于调制解调器的说法正确的是（　　　）。

A．使计算机的数字信号能够利用现有的电话线路进行传输

B．能够将电话线中的模拟信号与计算机中的数字信号进行互换

C．是电视机实现拨号连接 Internet 的基本设备

D．是输出设备

7．下列选项中，不是 UDP 的特性的是（　　　）。

A．提供可靠服务   B．提供面向无连接的服务

C．提供端到端服务   D．提供全双工服务

8．TCP/IP 是一种开放的协议标准，它的特点不包括（　　　）。

A．独立于特定计算机硬件和操作系统   B．统一编址方案

C．政府标准   D．标准化的高层协议

9．下列关于 TCP/IP 的描述，（　　　）是错误的。

A．ARP、RARP 属于应用层

B．TCP、UDP 都要通过 IP 来发送、接收数据

C．TCP 提供可靠的面向连接的服务

D．UDP 提供简单的面向无连接的服务

10．TCP 工作在（　　　）。

A．物理层   B．数据链路层   C．传输层   D．应用层

单元9
保障网络安全、排除网络故障

09

　　人们在使用移动U盘时，经常遇到打不开U盘的问题，这时需要给U盘杀毒，排除故障。对于机房日常的网络故障，使用Windows网络操作系统自带的网络故障命令就可以排除。

　　本单元主要讲解计算机和网络安全知识，帮助学生了解计算机病毒的概念及计算机病毒的危害，学会防范计算机病毒，掌握网络故障的排除方法，提升网络安全防范意识。

技术导读

学习任务	能力要求	技术要求
任务 9.1　懂一点网络安全知识	能够安装杀毒软件，保障计算机和网络的安全	了解网络安全威胁，了解计算机病毒
任务 9.2　排除网络故障	能够独立排除网络故障	掌握 ping 命令、ipconfig 命令、arp 命令、tracert 命令、route print 命令、netstat 命令和 nslookup 命令

任务 9.1 懂一点网络安全知识

任务描述

在机房上课的时候，经常遇到打不开 U 盘的情况。在网络中心的老师的指导下，小明学会了用 360 杀毒软件，这样可以很快地清除简单病毒。如果 360 杀毒软件不能清除病毒，就采用其他的处理方法。

任务分析

随着 Internet 的发展，网络安全问题日益突出。在网络安全问题中，人的因素是第一位的。例如，不下载来历不明的附件，不将来历不明的 U 盘插入计算机，做到这些就能避免被大部分病毒感染。在日常的文件管理方面，需要养成定期备份文件的好习惯。

9.1.1 什么是网络安全

近年来，大规模的网络安全事件接连发生，网络攻击手段层出不穷，如图 9-1 所示，导致泄密、数据被破坏、业务无法正常进行等情况屡屡发生，造成的经济损失无法估计。

网络安全是指利用网络管理控制和技术措施，保证在一个网络环境里数据的保密性、完整性及可使用性，避免信息在网络中的流动过程受到的中断、截取、修改和捏造等形式的安全攻击，防范其对个人资产的破坏。在支付宝中启用数字证书（见图 9-2），可以保障移动支付安全。

什么是网络安全

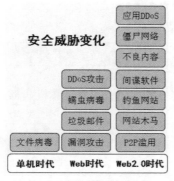

图 9-1　网络攻击手段

图 9-2　启用数字证书

网络安全不仅包括硬件安全、软件安全，还包括存储在网络中的信息的安全。因此，不仅要保护网络系统中硬件、软件的安全，还需要保护个人信息等，使它们不会被偶然或恶意的破坏、泄露，确保网络系统连续、可靠的运行，保障网络服务不中断。

图9-3 所示为计算机因感染病毒而自动关机的情况。

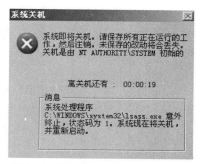

图9-3 计算机感染病毒，自动关机

9.1.2 了解网络安全威胁

网络安全威胁有很多，主要表现在以下几个方面。

1. 潜伏在计算机中的病毒

当已感染病毒的软件运行时，这些病毒会恶意地向计算机软件添加代码，修改软件的工作方式，从而获取计算机的控制权，伺机攻击系统。潜伏在计算机中的病毒如图9-4所示。

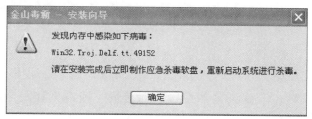

图9-4 潜伏在计算机中的病毒

2. 蠕虫病毒

蠕虫病毒主要利用系统漏洞进行传播。它通过网络、电子邮件像蠕虫一样从一台计算机传播到另一台计算机，传播速度快，影响范围大。由于蠕虫病毒通过网络传播，因此很快就会影响整个网络。图9-5 所示为蠕虫病毒侵入一台计算机后篡改磁盘引导区。

图9-5 蠕虫病毒侵入计算机，篡改磁盘引导区

3. 木马病毒

木马病毒是指未获得用户同意就进行非授权操作的恶意程序。木马病毒不能独立侵入计算机，常常伪装成"正常"软件，不容易发现，但木马病毒造成的损失远远超过常规病毒。图 9-6 所示为 360 木马防火墙软件扫描出隐藏在计算机中的木马病毒。

图 9-6   360 木马防火墙软件扫描出隐藏在计算机中的木马病毒

4. 骚扰广告软件

骚扰广告软件集成在免费软件里，会在软件界面显示广告，收集用户信息并把信息发送给骚扰广告软件的开发者，改变浏览器设置（如首页、搜索页和安全级别等），导致用户无法正常进行网络通信。

5. 间谍软件

间谍软件在用户不知情的情况下收集用户个人信息。间谍软件潜伏在用户计算机中，记录用户在计算机上的操作，收集用户在计算机上存储的信息，收集网络连接的信息，伺机攻击系统。图 9-7 所示为间谍软件盗取用户信息。

图 9-7   间谍软件盗取用户信息

6. 黑客工具

黑客工具是由黑客安装到计算机中，盗窃信息、引起系统故障和控制计算机的恶意程序。图 9-8 所示为新毒霸软件扫描到远程黑客试图控制计算机。

图 9-8 新毒霸软件扫描到远程黑客试图控制计算机

9.1.3 了解计算机病毒

1. 什么是计算机病毒

计算机病毒是一段恶意的、有破坏性的程序。与正常程序不同，病毒程序具有破坏性和感染性。由于病毒程序在计算机系统运行的过程中，具备隐藏、寄生、侵害和传染的功能。因此，人们形象地将其称为"计算机病毒"。计算机病毒通过某种途径进入计算机后，便会自我复制，影响程序正常运行。图 9-9 所示为计算机病毒自我复制、传播、感染计算机的过程。

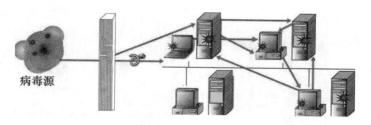

了解计算机病毒

图 9-9 计算机病毒自我复制、传播、感染计算机的过程

2. 计算机病毒的特征

计算机病毒具有如下特征。

（1）隐藏

计算机病毒一般具有隐藏性，不易被计算机用户发现，只在某种特定的条件下才发作，破坏计算机中的信息，图 9-10 所示为隐藏在正常文件中的计算机病毒。

（2）寄生

计算机病毒通常不单独存在，而是寄生在正常程序内，使人无法识别，图 9-11 所示为隐藏在程序中的计算机病毒。

 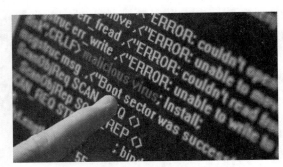

图 9-10　隐藏在正常文件中的计算机病毒　　　　图 9-11　隐藏在程序中的计算机病毒

（3）侵害

计算机病毒会侵占计算机的存储空间，争夺运行控制权，导致计算机运行速度变慢，甚至可能造成系统瘫痪。图 9-12 所示为计算机病毒消耗内存空间。

（4）传染

计算机病毒可以自我复制，从一个程序复制到另一个程序，感染其他程序或系统，如图 9-13 所示。在复制的过程中，计算机病毒还可能会发生变异。

图 9-12　计算机病毒消耗内存空间　　　　图 9-13　熊猫病毒复制传播，感染程序

9.1.4　了解计算机病毒的安全攻击和危害

一般来说，存在于硬盘上的计算机病毒处于静态。静态病毒除占用部分存储空间之外，不会表现出其他破坏行为。如果计算机病毒完成了初始引导，进入内存后就会处于动态，在一定条件下实施破坏、传染等行为。

1. 破坏程序或数据

计算机病毒主要破坏计算机内部存储的程序或数据，扰乱计算机系统，使其无法正常工作。此外，计算机病毒会对操作系统的运行造成不同程度的影响，轻则干扰计算机工作，重则破坏计算机系统。

2. 大范围传播，影响面广

感染病毒的计算机经常会在不自知的情况下，把病毒传播给网络中的其他计算机，导致无法在网络内部将病毒清除干净。传染性是计算机病毒最重要的特征。图9-14所示为蠕虫病毒传播及攻击方式。

图9-14　蠕虫病毒传播及攻击方式

3. 潜伏在计算机中，随时攻击

病毒具有寄生能力，病毒传染给合法程序和系统后，可能很长一段时间都不会发作，有一段潜伏期。病毒的这种特性是为了隐藏自己，然后在用户没有察觉的情况下进行传播。图9-15所示为杀毒软件查杀潜伏在计算机中的弹窗广告病毒。

4. 隐藏在程序中无法直接清除，干扰正常程序运行

计算机病毒是一段短小的可执行程序，但一般不独立存在，而是使用嵌入的方法寄生在合法的程序中。有一些病毒程序隐藏在磁盘的引导扇区中，或者隐藏在磁盘上标记为坏簇的扇区中。病毒想方设法隐藏自身，在满足特定条件后，才表现出破坏性，造成严重后果。图9-16所示为检查出隐藏在计算机中的病毒程序。

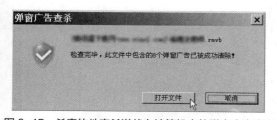

图9-15　杀毒软件查杀潜伏在计算机中的弹窗广告病毒

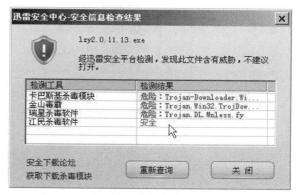

图9-16　检查出隐藏在计算机中的病毒程序

5. 多变种、抗删除、抗打击

有些病毒能产生几十种变种，并且有变种能力的病毒可以在传播过程中隐蔽自己，不易被杀毒软件发现、清除。图9-17所示为国家计算机病毒应急处理中心监控发现的木马病毒的新变种。

国家计算机病毒应急处理中心检测发现"木马下载器"新变种

图9-17　木马病毒的新变种

6．随机触发，侵害系统和程序

计算机病毒一般都有一个或者几个触发条件，一旦满足触发条件，病毒的传染机制便被激活。触发是一种条件控制，使病毒程序可以在满足条件时实施攻击。这个条件可以是输入特定字符，可以是某个特定日期，也可以是病毒内置的计数器达到一定次数等。图 9-18 所示为在情人节触发"情人节病毒"。

图9-18　在情人节触发"情人节病毒"

9.1.5　提升网络安全防范意识

欧洲网络与信息安全局在《提高信息安全意识》中指出："在所有的信息安全系统框架

中，人这个要素往往是最薄弱的环节。只有更新人们陈旧的安全观念和认知，才能真正减少信息安全可能存在的隐患。"因此，需要多方位宣传、教育，提升人们的网络安全意识和网络安全素养。

1．提升安全意识

网络安全的问题主要在于许多用户缺乏必要的安全意识。谷歌公司的研究员埃利·波士庭（Elie Bursztein）开展了一项研究，想看人们是否会使用陌生 U 盘，他把 300 个 U 盘放到某大学的不同地点。结果 98% 的 U 盘被人拾取，而超过 50% 的人会把 U 盘插入自己的计算机中并查看其中的信息，如图 9-19 所示。

2．及时备份数据

如果咨询网络安全公司如何维护网络安全，那么通常会得到这样的建议：使用更复杂的密码、更新软件、备份数据等。但是，许多人从来不做这些事情，很少人会把这些事情都做到，并且经常这么做。此外，对重要数据进行安全加密也非常重要，图 9-20 所示为在网络中及时备份和加密重要数据。

图 9-19 U 盘插入计算机

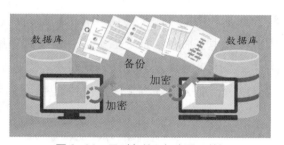

图 9-20 及时备份和加密重要数据

3．了解需要保护的项目

要为自己的计算机提供安全的环境，需要先了解要保护什么。特别是小型企业，大多数小型企业都没有一个正式的网络安全计划。例如，公司内部的密码管理方案、员工信息和信用卡信息安全保护等。越重要的资料就应该越引起重视。同时，也需要准备全方位的安全协议，让所有的员工都了解，并提高自身网络安全意识。

4．及时打补丁

某些重要系统在设计过程中因考虑不足而留有漏洞，这些漏洞可能会被黑客用来攻击用户的计算机。开发人员发现有人利用系统漏洞进行恶意破坏后，应提供程序来修补这些漏洞，这些程序称为补丁程序。安装补丁程序后，黑客就无法利用漏洞来攻击用户的计算机。因此，需要及时安装补丁程序，快速修复系统。图 9-21 所示为通过 Windows 网络操作系统更新功能及时修复系统漏洞。

图 9-21　及时修复系统漏洞

5. 注意电子邮件的安全

德国埃尔朗根 - 纽伦堡大学的研究员辛奈达·贝南森（Zinaida Benenson）展开了一项关于恶意链接的调查：20% 的人会打开陌生电子邮件里的链接，40% 的人会打开社交软件里的链接。人们受好奇心的影响，即使精通技术也难以克制打开陌生链接的冲动。网络上的很多安全事故，都是利用电子邮件传播计算机病毒，诱惑用户去点击，然后侵入用户的计算机。

因此接收电子邮件时应查看来源，检查邮箱地址和发件人名字，不要直接打开来历不明的邮件附件，如图 9-22 所示。此外，绝对不要通过邮件发送机密信息，如密码及个人身份信息等，如果需要发送，那么最好将文件打包并加密，然后通过另一方式（如短信）将密码告诉收件人。

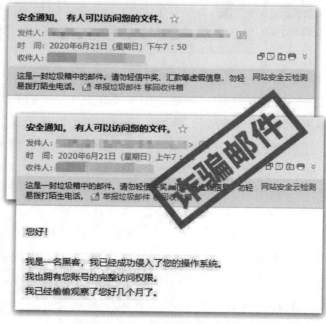

图 9-22　黑客利用电子邮件实施入侵

6. 锁定计算机

为计算机设置自动锁定，防止可疑人士在系统中安装病毒软件，或非法复制计算机中的资料。在暂时离开计算机时，按【Ctrl+Alt+Delete】组合键，选择【锁定】选项即可锁定个人计算机。

7. 小心使用 U 盘

U 盘由于接触了不同设备，很容易感染和传播病毒，因此在复制资料前请确认其来源。不要随便借用他人的 U 盘，最好使用自己的 U 盘，并且使用前要先查杀病毒。图 9-23 所示为检查到 U 盘感染了病毒。

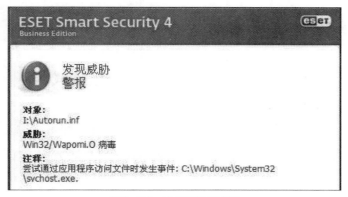

图 9-23　U 盘感染了病毒

8. 选择一款杀毒软件

使用杀毒软件定期给计算机体检，可以保障计算机的安全。因此，在计算机中安装杀毒软件，相当于给计算机增加了一个安全保护罩。图 9-24 所示为在计算机中安装的 360 安全卫士软件。

图 9-24　360 安全卫士软件

9. 及时修复系统的漏洞

安装好安全软件后，如果系统有高危漏洞，就会及时提示用户，这时用户要做的就是及时进行修复。图 9-25 所示为修复系统漏洞。

图 9-25　修复系统漏洞

10. 不随意打开可疑网页

培养个人良好的上网习惯，在上网过程中，不随意打开一些可疑网页，例如某些网页上的小弹窗。另外，若搜索到可疑网页，则要全部关闭。图 9-26 所示为在浏览器中检测到网站包含恶意软件。

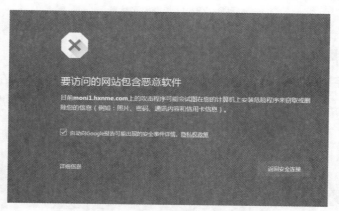

图 9-26　在浏览器中检测到网站包含恶意软件

11. 不在网络上透露个人、家人、朋友的信息

网络是一个信息传递非常迅速的平台，在网络上不要随意透露或者被人故意套出个人信息。除个人信息之外，朋友、家人的信息也不要随意透露。

12. 和陌生人聊天时要提高警惕

在网上和陌生人聊天时，一定不要聊得太深入。如果对方问你的银行卡密码、验证码或一些其他财产信息，就一定要提高警惕。

9.1.6　任务实施：使用 360 杀毒软件保障计算机安全

任务描述

为了保障机房中计算机的安全，小明按照老师的要求，给机房中的计算机都安装了 360 杀毒软件。

实施过程

1. 从 360 官方网站下载 360 杀毒软件安装包并安装软件

从 360 官方网站下载 360 杀毒软件安装包，如图 9-27 所示。

图 9-27　下载安装包

安装 360 杀毒软件。360 杀毒软件的主界面如图 9-28 所示。

图 9-28　360 杀毒软件的主界面

2. 使用 360 杀毒软件检测本机是否安全

在 360 杀毒软件主界面，选择【快速扫描】选项进行病毒扫描，如图 9-29 所示。扫描完成后，得到扫描报告。

图 9-29　快速扫描

此外，还可以选择【自定义扫描】等选项，检测指定内容是否安全。

3. 从 360 官方网站下载 360 安全卫士软件安装包并安装软件

从 360 官方网站下载 360 安全卫士软件安装包，如图 9-30 所示。

图 9-30　下载 360 安全卫士软件安装包

安装 360 安全卫士软件。360 安全卫士软件主界面如图 9-31 所示。

图 9-31　360 安全卫士主界面

选择【全面体检】选项，启动 360 安全卫士软件的系统检查功能，如图 9-32 所示。此外，也可以选择【木马查杀】等选项，开启系统漏洞检测和修复等功能。

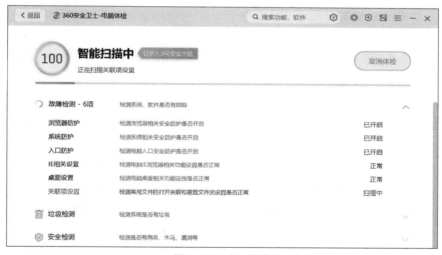

图 9-32　查看体检

需要注意的是，由于软件版本升级，软件的界面会稍有不同，可根据实际情况进行处理。

任务 9.2　排除网络故障

 任务描述

小明跟着网络中心的老师学习网络的日常维护，学到了很多网络知识。有一次网络不

通，老师让小明去 ping 一下网关，检查网络什么地方不通。小明不知道怎么回事，也不知道该如何操作……网络中心的老师建议小明学习一下 Windows 网络操作系统自带的网络故障检测命令，独立排除网络故障。

任务分析

　　虽然排除网络故障的方法有很多，但最简单、最方便的方法还是使用 Windows 网络操作系统自带的网络故障检测命令。通过系统提供的命令，可以及时查找到网络发生故障的原因，寻找维护网络的方法，及时开展网络的管理和常规诊断。

9.2.1　测试网络连通性命令 ping

1. 什么是 ping 命令

　　ping 命令的工作原理是利用网络中计算机 IP 地址的唯一性，给目标计算机的 IP 地址发送一个数据包，要求对方返回一个同样大小的 IP 数据包，确定两台在网络中连接的计算机是否连通。

　　默认情况下，ping 命令会发送 4 个回应报文，根据收到的报文，判断网络连通状态是否正常。ping 命令是日常诊断网络故障最基础的命令。

2. ping 命令的使用方法

　　按【Win+R】组合键，打开【运行】对话框，输入"CMD"，按【Enter】键，打开命令行窗口。

　　使用以下命令直接测试目标地址，结果如下。

```
C:\Users\Administrator>ping 172.16.1.1
正在 Ping 172.16.1.1 具有 32 字节的数据：
来自 172.16.1.1 的回复：字节=32 时间<1ms TTL=64
来自 172.16.1.1 的回复：字节=32 时间<1ms TTL=64
来自 172.16.1.1 的回复：字节=32 时间<1ms TTL=64
来自 172.16.1.1 的回复：字节=32 时间<1ms TTL=64
172.16.1.1 的 Ping 统计信息：
        数据包：已发送 = 4，已接收 = 4，丢失 = 0 (0% 丢失)，
往返行程的估计时间（以毫秒为单位）：
        最短 = 0ms，最长 = 0ms，平均 = 0ms
```

　　此外，也可以使用以下命令直接测试域名地址，结果如下。

```
C:\Users\Administrator>ping www.sina.com.cn
正在 Ping ww1.sinaimg.cn.w.alikunlun.com [60.170.11.67] 具有 32 字节的数据：
```

```
来自 60.170.11.67 的回复：字节 =32 时间 =5ms TTL=56
来自 60.170.11.67 的回复：字节 =32 时间 =5ms TTL=56
来自 60.170.11.67 的回复：字节 =32 时间 =5ms TTL=56
来自 60.170.11.67 的回复：字节 =32 时间 =5ms TTL=56
60.170.11.67 的 Ping 统计信息：
        数据包：已发送 = 4，已接收 = 4，丢失 = 0（0% 丢失），
往返行程的估计时间（以毫秒为单位）：
        最短 = 5ms，最长 = 5ms，平均 = 5ms
```

9.2.2 查询网络地址命令 ipconfig

1. 什么是 ipconfig 命令

ipconfig 命令是显示当前计算机的 TCP/IP 配置信息的命令，通过该命令可以获取计算机的 IP 地址、子网掩码和网关信息，有利于测试和分析网络故障。

2. ipconfig 命令的使用方法

ipconfig 命令有不带参数和带参数两种用法。按【Win+R】组合键，打开【运行】对话框，输入 "CMD"，按【Enter】键，打开命令行窗口，输入 "ipconfig" 或者 "ipconfig /all"即可。

应用举例如下。

```
C:\Users\Administrator> ipconfig /all
以太网适配器 VMware Network Adapter VMnet8:
        连接特定的 DNS 后缀 . . . . . . . :
        描述 . . . . . . . . . . . . . : VMware Virtual Ethernet Adapter for VMnet8
        物理地址 . . . . . . . . . . . : 00-50-56-C0-00-08
        DHCP 已启用 . . . . . . . . . . : 否
        自动配置已启用 . . . . . . . . : 是
        本地链接 IPv6 地址 . . . . . . . : fe80::7c0d:2c0:bd85:2150%15（首选）
        IPv4 地址 . . . . . . . . . . . : 192.168.175.1（首选）
        子网掩码 . . . . . . . . . . . : 255.255.255.0
        默认网关 . . . . . . . . . . . :
        DHCPv6 IAID . . . . . . . . . . : 402673750
        DHCPv6 客户端 DUID . . . . . . . : 00-01-00-01-28-A7-BF-74-74-DE-2B-0D-16-62
        DNS 服务器 . . . . . . . . . . : fec0:0:0:ffff::1%1
        TCPIP 上的 NetBIOS . . . . . . . : 已启用
```

9.2.3 映射地址命令 arp

1. 什么是 arp 命令

在局域网通信中，如果已知 IP 地址，要确定该 IP 地址对应的 MAC 地址，可使用 arp 命令。在计算机中使用 arp 命令，可查看本地计算机 ARP 缓存的映射内容：局域网中计算机的 IP 地址和 MAC 地址表。

2. arp 命令的使用方法

按【Win+R】组合键，打开【运行】对话框，输入 "CMD"，按【Enter】键，打开命令行窗口，输入 "arp -a"，按【Enter】键，显示计算机网卡的 IP 地址（Internet 地址）和 MAC 地址（物理地址）的 ARP 映射表。

```
C:\Users\Administrator>arp -a
接口：192.168.110.122 --- 0xd
      Internet 地址           物理地址                类型
      192.168.110.1          c4-70-ab-d8-06-3b       动态
      192.168.110.255        ff-ff-ff-ff-ff-ff       静态
      224.0.0.22             01-00-5e-00-00-16       静态
      224.0.0.251            01-00-5e-00-00-fb       静态
      224.0.0.252            01-00-5e-00-00-fc       静态
      239.11.20.1            01-00-5e-0b-14-01       静态
      239.255.255.250        01-00-5e-7f-ff-fa       静态
      255.255.255.255        ff-ff-ff-ff-ff-ff       静态
```

9.2.4　路由测试命令 tracert

1. 什么是 tracert 命令

tracert 命令用于确定网络中 IP 数据包访问目标网络主机所经过的路径。tracert 命令利用 IP 生存时间（Time to Live，TTL）和 ICMP 错误消息，确定从一台主机到其他主机的路径。

当网络出现故障时，需要检测故障的位置，使用 tracert 命令可以确定哪条路径出了问题。

2. tracert 命令的使用方法

按【Win+R】组合键，打开【运行】对话框，输入 "CMD"，按【Enter】键，打开命令行窗口，输入如下命令。

```
tracert  ip
```

例如，IP 数据包经过两台路由器（10.0.0.1 和 191.168.0.1）到达目标主机 171.16.0.99。其中，主机的默认网关是 10.0.0.1，结果如下。

```
C:\ 本机目标位置 >tracert  171.16.0.99
通过最多 30 个跃点跟踪到 171.16.0.99 的路由
1   2s   3s   2s   10,0.0,1
2   75 ms  83 ms  88 ms  191.168.0.1
3   73 ms  79 ms  93 ms  171.16.0.99
跟踪完成
```

9.2.5　路由表查询命令 route print

1. 什么是 route print 命令

route print 命令是查看本机上路由表的命令，用于显示与本机连接的网络的信息。通过在相关设备上查看本地路由表，可以了解网络中的设备分布情况，及时排除网络故障。

2. route print 命令的使用方法

按【Win+R】组合键，打开【运行】对话框，输入"CMD"，按【Enter】键，打开命令行窗口，输入"route print"，按【Enter】键，结果如下。

```
本机目标位置>route print
    网络目标            网络掩码                网关                    接口            跃点数
    0.0.0.0             0.0.0.0             60.15.64.154        60.15.64.154            1
    0.0.0.0             0.0.0.0             191.168.1.1         191.168.1.20           11
    60.15.64.1      255.255.255.255         60.15.64.154        60.15.64.154            1
    60.15.64.154    255.255.255.255         127.0.0.1           127.0.0.1              50
```

本机路由表信息分为 5 列，下面分别解释。

（1）第 1 列是网络目的地址（网络目标）列，该列列出了本机连接的所有子网段地址。

（2）第 2 列是子网掩码（网络掩码）列，该列列出了这个网段本身的子网掩码，让三层路由设备确定目的网络地址类。

（3）第 3 列是网关列，一旦三层路由设备确定要把接收到的数据包转发到哪一个目的网络，三层路由设备就需要查看网关列。网关列会告诉三层路由设备，这个数据包应该转发到哪一个 IP 地址，才能到达目的网络。

（4）第 4 列是接口列，该列用于告诉三层路由设备将哪一块网卡连接到合适的目的网络。

（5）第 5 列是跃点数列，该列用于告诉三层路由设备需要为数据包选择目的网络优先级。如果通向一个目的网络的路径有许多条，Windows 网络操作系统将通过查看跃点数列确定最短的路径。

9.2.6　网络端口连接命令 netstat

1. 什么是 netstat 命令

netstat 命令是一个监控 TCP/IP 网络工作状态的命令。使用 netstat 命令可以获取网络路由表、网络连接及接口状态，显示与 IP、TCP 和 ICMP 相关的统计信息，检验各端口上网络的连接情况。

2. netstat 命令的使用方法

按【Win+R】组合键，打开【运行】对话框，输入"CMD"，按【Enter】键，打开命令行窗口，输入如下命令并按【Enter】键，结果如下。

```
C:\Users\Administrator>netstat
活动连接
    协议      本地地址            外部地址              状态
    TCP     192.168.110.122:49163   180.163.243.168:http        ESTABLISHED
    TCP     192.168.110.122:49206   220.181.43.8:http           ESTABLISHED
    TCP     192.168.110.122:49423   180.163.238.133:https       ESTABLISHED
```

```
TCP    192.168.110.122:49770    171.107.85.37:https    ESTABLISHED
TCP    192.168.110.122:49774    171.107.85.37:https    ESTABLISHED
TCP    192.168.110.122:50013    117.34.84.12:https     ESTABLISHED
TCP    192.168.110.122:50018    117.34.84.12:https     ESTABLISHED
TCP    192.168.110.122:50028    1.193.147.28:http      TIME_WAIT
TCP    192.168.110.122:50034    171.107.85.46:http     ESTABLISHED
TCP    192.168.110.122:50040    171.107.85.46:http     ESTABLISHED
TCP    192.168.110.122:50041    171.107.85.46:http     ESTABLISHED
TCP    192.168.110.122:50043    171.107.85.46:http     ESTABLISHED
```

9.2.7　域名检测命令 nslookup

1. 什么是 nslookup 命令

nslookup 命令是检测网络中 DNS 服务器是否正确实现域名解析的命令，是查询域名信息的小工具。使用 nslookup 命令可以查到 DNS 记录的生存时间，还可以指定使用哪个 DNS 服务器进行解释。

2. nslookup 命令的使用方法

按【Win+R】组合键，打开【运行】对话框，输入"CMD"，按【Enter】键，打开命令行窗口，输入如下命令并按【Enter】键，结果如下。

```
C:\Users\Administrator>nslookup www.qq.com
服务器 : UnKnown
Address: 192.168.110.1
非权威应答 :
名称 : ins-r23tsuuf.ias.tencent-cloud.net
Addresses: 2402:4e00:1430:1301:0:9227:79d3:ffd1
           2402:4e00:1430:1301:0:9227:79cc:76f2
           101.91.42.232
           101.91.22.57
Aliases:   www.qq.com
```

9.2.8　任务实施：学会排除网络故障

任务描述

日常遇到网络故障时，小明都使用 Windows 网络操作系统自带的网络故障检测命令慢慢地探索和尝试，找出网络中可能出现的故障。此外，网络中心的老师还给出了一些简单的网络故障排除方法，帮助小明学会独立排除办公网中的故障。

实施过程

在平常的网络管理和维护的过程中，经常会产生各种网络故障，导致不能上网。其实，只要认真按照如下步骤检查一下，就能解决大部分的网络故障。

1. 观察旁边计算机的工作状态

先查看其他计算机是否可以上网，判断整个网络是否出现问题。如果其他计算机都不能上网，那么一般是办公网的接入出现了故障。检查连接及交换机、路由器是否正常工作，观察指示灯是否亮。如果这些设备都没有问题，就查看一下设备的内部配置信息是否正常。

2. 检查本机的【本地连接】工作状态

当有计算机不能上网时，在桌面上用鼠标右键单击【网络】图标，在弹出的快捷菜单中选择【属性】选项，查看本地的网络连接是否正常。

也可以直接用鼠标右键单击右下角的 图标，在弹出的快捷菜单中选择【打开"网络和Internet 设置"】选项，打开操作系统的【设置】窗口，查看有线或无线连接的状态。

图 9-33 所示为有线网络连接异常。检查网线的 RJ-45 接口（网卡接口）是否松动，重新插一次。如果网卡连接检查完成，还是不能上网，就检查与交换机接口的连接是否松动，重新插一次。只有出现网络连接正常，才表示网络线路正常。

图 9-33　有线网络连接异常

3. 检查本机的【网络适配器】的工作状态

如果按照上面的步骤操作，但看不到【本地连接】，则可能是网络适配器出现故障。

用鼠标右键单击【此电脑】图标，在弹出的快捷菜单中选择【管理】选项，打开【计算机管理】窗口，在左侧选择【设备管理器】选项，如图 9-34 所示。

如果没有显示【网络适配器】，则网卡可能坏了、接触不良或被氧化。将网卡取下来，用橡皮擦一下，再重新插入。重复前面所述检查方法，如果还不行，则更换新网卡。

如果在【计算机管理】窗口中发现【网络适配器】出现【!】标识，则表示设备安装不正常，可能是接口松动，也可能是驱动程序不正常。需要重新拔插或重新安装驱动程序。

图9-34 【计算机管理】窗口

如果【网络适配器】显示正常，表示网络检查通过，连接正常，如图9-35所示。如果不正常，则表示网卡还有问题，很可能是网卡驱动没有安装，需要继续排除故障。

图9-35 检查网络适配器安装是否正常

4. 检查本机IP地址配置是否正常

排除网络故障需要多次测试IP地址连接，确保办公网中地址的正确性。

（1）使用ipconfig命令，查询本机的地址信息。

（2）使用ping本机IP地址命令，测试TCP/IP和网卡的工作状态。

（3）使用ping本机网关地址命令，测试本机到网关的工作状态。

（4）使用 ping 域名地址命令，测试本机到 DNS 服务器的工作状态。

一定要确保本机的 IP 地址与其他计算机的 IP 地址不同，否则会出现 IP 地址冲突的问题；一定要确保本机和网关连通，否则本机无法与其他部门的办公网通信；一定要确保本机和 DNS 服务器地址连通，否则本机无法解析字符地址。

科技之光

进入全球竞争先进行列的阿里云

云计算（Cloud Computing）是分布式计算的一种，指通过网络"云"将巨大的数据计算处理程序分解成非常多的小程序，然后通过多个服务器组成的系统进行处理和分析，这些小程序得到结果并返回给用户。如果没有云计算，就谈不上大数据时代，也谈不上海量数据的高效应用。

阿里云（见图 9-36）是全球领先的云计算及人工智能科技公司，致力于以在线公共服务的方式，提供安全、可靠的计算和数据处理能力，让计算和人工智能成为普惠科技。在天猫双 11 全球狂欢节、春运购票等极富挑战的应用场景中，阿里云保持着良好的运行纪录。

2020 年，国际知名咨询机构 Gartner 发布的云厂商产品评估报告对包括亚马逊、微软、阿里云、谷歌等在内的全球顶级云厂商进行多达 9 个类目、270 个子项的严苛评估，最终给出综合能力评分。其中，在云计算中，阿里云以 92.3% 的得分率排名第一；在存储和 IaaS 基础能力大类中，阿里云位列全球第二。在全球云安全报告中，阿里云整体安全能力位列全球第二。

图 9-36　进入全球竞争先进行列的阿里云

认证试题

下面每一题的多个选项中，只有一个选项是正确的，将其填写在括号中。

1. 计算机病毒是指（　　　）。

   A. 具有破坏性、能自我复制的特定程序

   B. 被损坏的程序

   C. 已感染病毒的计算机

   D. 已感染病毒的程序

2. 为了防止冲击波病毒，可以在路由器上采用（　　　）技术。

   A. 网络地址转换

   B. 标准访问列表

   C. 局域网用户采用私有地址使外网无法访问

   D. 安装杀毒软件

3. 下面是关于计算机病毒的两种论断，经判断（　　　）。

   （1）计算机病毒是一种程序，它在满足某些条件时被激活，起干扰和破坏作用，并能传染其他程序。

   （2）计算机病毒只会破坏磁盘上的数据。

   A. 只有（1）正确   B. 只有（2）正确

   C.（1）和（2）都正确   D.（1）和（2）都不正确

4. 许多黑客喜欢利用软件运行时的缓冲区溢出的漏洞进行攻击，对此最可靠的解决方案是（　　　）。

   A. 安装防火墙   B. 安装入侵检测系统

   C. 给系统安装最新的补丁   D. 安装杀毒软件

5. 计算机病毒的危害性表现在（　　　）。

   A. 能造成计算机器件永久性失效

   B. 影响程序的执行，破坏用户数据与程序

   C. 不影响计算机的运行速度

   D. 不影响计算机的运算结果，不必采取措施

6. 用户收到一封可疑电子邮件，要求用户提供银行账户及密码，这属于（　　　）。

   A. 缓存溢出攻击   B. 钓鱼攻击   C. 暗门攻击   D. DDoS

7. 黑客利用IP地址进行攻击的方法有（　　　）。

   A. IP欺骗   B. 解密   C. 窃取口令   D. 发送病毒

8．以下关于计算机病毒的特征，说法正确的是（　　　）。

    A．计算机病毒只具有破坏性，没有其他特征

    B．计算机病毒具有破坏性，不具有传染性

    C．破坏性和传染性是计算机病毒的两大主要特征

    D．计算机病毒只具有传染性，不具有破坏性

9．不属于计算机病毒防范软件的防治策略的是（　　　）。

    A．防毒能力　　　　　　　　　　　　B．查毒能力

    C．解毒能力　　　　　　　　　　　　D．禁毒能力

10．计算机网络安全威胁大体可分为两种：一种是对网络中信息的威胁，另一种是（　　　）。

    A．人为破坏　　　　　　　　　　　　B．对网络中设备的威胁

    C．病毒威胁　　　　　　　　　　　　D．对网络人员的威胁

11．以下关于网络故障排除的说法中，错误的是（　　　）。

    A．ping 命令支持 IP、AppleTalk、Novell 等多种协议中测试网络的连通性

    B．可随时使用 debug 命令在网络设备中进行故障定位

    C．tracert 命令用于追踪数据包传输路径，并定位故障

    D．show 命令用于显示当前设备或协议的工作状态

12．在 Windows 网络操作系统中，查看计算机的 TCP/IP 设置使用的命令是（　　　）。

    A．ping　　　　　　B．ipconfig　　　　　C．winipcfg　　　D．netstat

13．若计算机可以 ping 到 IP 地址 192.168.1.1，但不能实现远程登录，则原因可能是（　　　）。

    A．网卡不能正常工作　　　　　　　　B．IP 地址不正确

    C．子网配置错误　　　　　　　　　　D．上层应用功能没有开启

14．ping 命令将以 IP 地址格式表示的主机的网络地址解析为计算机名的参数（　　　）。

    A．–n　　　　　　　B．–t　　　　　　　C．–a　　　　　　D．–l

15．ipconfig/renew 命令参数的作用是（　　　）。

    A．显示本机 TCP/IP 配置详细信息　　B．释放 IP 地址

    C．显示本地 DNS 内容　　　　　　　D．重新获取 IP 地址

16．如果知道目的 IP 地址，想查询目标设备的 MAC 地址，则可以通过（　　　）命令实现。

    A．RIP　　　　　　B．ARP　　　　　　C．RARP　　　　　D．ICMP

17．不属于物理层的设备是（　　　）。

    A．中继器　　　　　B．集线器　　　　　C．网卡　　　　　D．调制解调器

18. 使用 ipconfig/all 命令时，将执行的操作是（　　）。

　　A．刷新和重置客户机解析程序缓存

　　B．释放指定的网络适配器的 IP 地址

　　C．刷新配置

　　D．显示所有的 IP 地址的配置信息

19. 计算机或手机感染病毒的可能途径之一是（　　）。

　　A．从键盘上输入错误的数据

　　B．随意运行来历不明的软件或程序

　　C．使用的 U 盘不干净

　　D．电源不稳定

20. OSI 参考模型中的一条重要的故障排除原则是每一层（　　）。

　　A．都相对独立

　　B．有嵌入的冗余机制来排除来自其他层的错误

　　C．运行都依赖于它的上一层

　　D．运行都依赖于它的下一层

单元10

懂一点数据通信技术

技术背景

　　人们利用网络传输数据，实现通信，以达到交流的目的。接入网络的计算机，通过建设完成的公共链路传输信息，数据通信是网络传输的重要组成部分。小明学习了很多网络知识，但对网络中的数据通信了解很少，网络中心的老师建议小明学习一下数据通信技术。

　　本单元主要讲解数据通信方面的知识，帮助学生掌握一点数据通信技术。

技术导读

学习任务	能力要求	技术要求
任务 10.1　了解数据通信基础知识	能够描述数据通信的基本概念	了解数据通信系统的组成，了解数据通信的技术指标
任务 10.2　了解数据传输技术	能够描述数据传输技术	了解数据传输模式，了解数据通信方式，了解数据通信类型，了解多路复用技术
任务 10.3　了解数据的编码和调制技术	能够描述数据的编码和调制技术	了解数据的模拟信号调制，了解数据的数字信号编码方式，了解数字信号的模拟信号调制，了解差错控制技术

任务 10.1　了解数据通信基础知识

任务描述

　　小明在网络中心做网络管理员时，跟老师学到了很多网络技术，但对数据通信技术的了解很少。

　　在平时的工作中，对于老师说的并行通信和串行通信，小明不知道是什么意思，也分不清楚宽度和带宽……网络中心的老师建议小明学习一点数据通信知识。

任务分析

　　物理层是网络中真正实现物理通信的一层，所以要想实现物理通信必须解决好物理层的一系列问题，包括传输介质、信道类型、数据与信号之间的转换、传输中的衰减和噪声等。因此，深入了解物理层的数据通信知识很重要。

知识介绍

10.1.1　了解数据通信的基本概念

　　数据通信是指通过通信系统将数据以某种信号的形式从一处安全、可靠地传输到另一处，包括数据的传输及传输前后对数据的处理。图 10-1 所示为数据通信系统的组成。

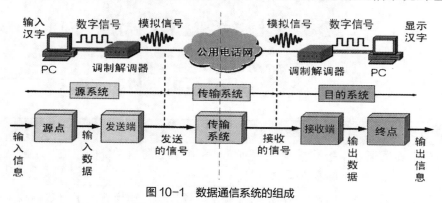

图 10-1　数据通信系统的组成

下面简单介绍数据通信中涉及的相关术语。

1. 信息

信息是对生活中客观事物的特征和运动状态的描述，表现形式包括数据、文字、声音、图形、图像等。网络通信的目的就是传输、交换这些信息。

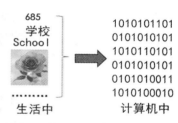

图 10-2　生活中的信息和对应的计算机中的数据

2. 数据

数据是生活中的信息在网络通信中的表现形式。网络通信的目的是传输信息，传输之前必须先将信息以数据的形式表示。计算机使用二进制数据表示信息，如图 10-2 所示。

3. 信号

计算机中的二进制数据通过物理介质传输时，需要转换为信号。信号是数据在传输过程中的表示形式，通常表现为电或电磁编码，数据以信号的形式传输。信号分为模拟信号和数字信号，如图 10-3 所示。

模拟信号是一种连续变化的信号，其波形是连续性正弦波，如声音、温度等。

数字信号是一种离散脉冲信号，变量不随时间连续变化，用于描述不连续变化量（离散值）。例如数字 1、0 表示二进制信号，其波形是一种不连续方波。

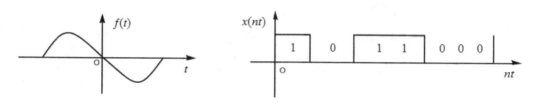

图 10-3　模拟信号（左）和数字信号（右）

虽然模拟信号与数字信号有明显差别，但在一定条件下，它们可以相互转换。

其中，模拟信号可以通过采样、编码等步骤转换为数字信号，数字信号可以通过解码、平滑等步骤转换为模拟信号。

4. 信道

在信息传输的源点和终点之间建立一条传输信号的物理通道，这条物理通道就是信道。图 10-4 所示为由传输介质和附属通信设备共同组成的信道。按传输介质分类，信道分为有线信道和无线信道；按信号类型分类，信道分为模拟信道和数字信道。

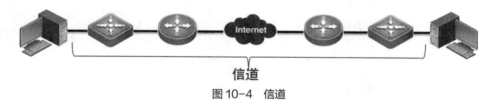

图 10-4　信道

5. 比特

比特（bit）是表示信息的单位，比特率为每秒传输二进制位的个数。码元（Code Cell）

是时间轴上一个信号的编码单元，在网络通信中，用时间间隔相同的符号表示一个二进制数，该二进制数中的每一位称为1码元（二进制），如图10-5所示。

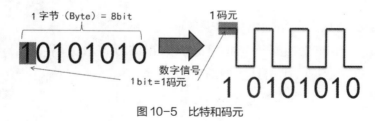

图10-5　比特和码元

6.带宽

传输信号的能量或功率的主要部分集中的频率范围称为带宽，它是介质的传输能力的度量单位，如图10-6所示。信道上传输信号的最大频率范围称为信道带宽，信道带宽大于信号带宽（信号宽带是信号传输的频率范围）。

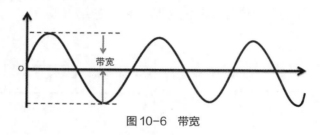

图10-6　带宽

在网络传输中，使用每秒位数（bit/s）作为带宽的基本单位，其他单位有kbit/s、Mbit/s、Gbit/s、Tbit/s。带宽为100Mbit/s的以太网理论上每秒可以传输1亿bit。

10.1.2　了解数据通信系统的组成

通过数据电路将网络中的设备连接起来，实现数据的传输、存储和处理的系统就是数据通信系统。图10-7所示为数据通信系统机房。

数据通信系统由源系统、传输系统、目的系统3部分组成，如图10-8所示。根据通信的方式，数据通信系统可分为模拟通信系统和数字通信系统。

图10-7　数据通信系统机房

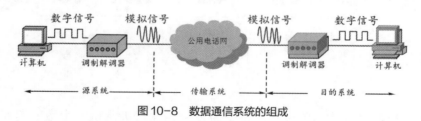

图10-8　数据通信系统的组成

（1）模拟通信系统

传统的电话、广播、电视等系统都属于模拟通信系统，图 10-9 所示为模拟通信系统模型。

（2）数字通信系统

计算机通信、数字电话及数字电视系统都属于数字通信系统。数字通信系统通常由信源、编码器、信道、解码器、信宿及噪声源组成。此外，发送端和接收端还有时钟同步系统。图 10-10 所示为数字通信系统模型。

图 10-9　模拟通信系统模型　　　　图 10-10　数字通信系统模型

10.1.3　了解数据通信的技术指标

1. 数据传输速率

数据传输速率是指单位时间内传输的信息量，可用波特率和比特率来表示。

（1）波特率

波特率是指单位时间内传输的二进制数据的位数。波特率又称为波形速率或码元速率，单位为波特，记作 Baud。

波特率是信道带宽的指标。

（2）比特率

比特率用于衡量异步串行通信的数据传输速率，即单位时间内传输的二进制有效数据的位数，单位为位 / 秒，记作 bit/s。计算公式为：

$$比特率 = 波特率 \times 单个调制状态对应的二进制数据的位数$$

2. 信道带宽

在模拟信道中，信道带宽（Bandwidth）又称为频宽，指信道所能传输的信号的频率宽度，即可传输信号的最高频率与最低频率之差。

3. 信道容量

信道容量是单位时间内，信道上能传输数据的最大容量，单位是 bit/s。但在实际传输过程中，信道带宽会受噪声的影响。信道容量使用奈奎斯特公式来计算：

$$C = 2 \times H \times \log_2 N$$

其中，H 是信道带宽，单位是 Hz；N 表示携带数据码元可能取得的离散值个数。

4. 误码率

误码率是衡量规定时间内传输数据精确性的指标，即传输二进制数据出错的概率。误码率的计算公式为：

$$Pe = Ne/N$$

其中，Ne 为出错位数（比特数），N 为传输数据的总位数（比特数）。

任务 10.2　了解数据传输技术

任务描述

在网络中心老师的帮助下，小明掌握了一些网络中的数据通信知识。但对于网络通信中使用的并行通信、串行通信、基带传输和频带传输等专业术语，小明还是不明白。因此，小明就利用课余时间学习网络通信中的数据传输技术。

任务分析

在网络通信中，二进制形式的数字信号不能直接通过光纤等传输介质传输，需要把二进制形式的数字信号转换为模拟信号，才能实现传输，这就涉及基带传输和频带传输。

技术介绍

通信中传输
技术

10.2.1　了解数据传输方式

按每次传输数据的位数，数据传输方式分为并行通信和串行通信。

1. 并行通信

在并行通信时，0 和 1 二进制数码组成 n 个数据位并行组，一次使用 n 条数据线传输 n 个数据位。每个数据位使用一条数据线，n 个数据位可以同时使用一个时钟脉冲，把信息从一台设备传输到另一台设备上，如图 10-11 所示。

并行通信的优点：一个时钟脉冲内传输一个以上的字符，传输速率快，处理方式简单。

并行通信的缺点：每个数据位的传输过程都需要一条单独信道支持，通信成本高。

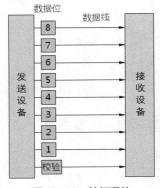

图 10-11　并行通信

综上，并行通信仅适用于近距离的通信，例如计算机和外围设备，以及 CPU、存储器模块和设备控制器之间的通信。图 10-12 和图 10-13 所示分别为并行传输接口和连接线缆。

图 10-12　并行传输接口

图 10-13　连接线缆

2. 串行通信

在串行通信中，一次传输 1 个数据位；n 个数据位要一个接一个地、以串行方式在一条共享的信道上传输，如图 10-14 所示。

串行通信的特点是速度慢，但其只要求一条信道，通信成本低，因此适用于远程通信。

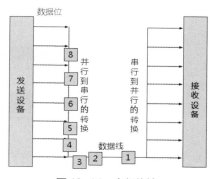

图 10-14　串行传输

10.2.2　了解数据传输模式

在串行通信中，发送端可在任何时刻随机发送数据位，而接收端不知道数据位什么时候到达。因此，需要通过异步传输使接收端准确接收信息。

1. 异步传输

异步传输通过直接在传输的数据信号中增加同步信号位，实现通信同步。其中，在异步传输中，每传送一个字符串（7 位或 8 位），都要在该字符串前面增加一个起始位，表示字符串开始；在字符串校验码后增加一或两个停止位，表示字符串结束，如图 10-15 所示。

接收端根据起始位和停止位判断一个新字符串的开始和结束，从而起到使通信双方同步的作用。因此，异步传输效率低，主要用于中、低速通信场合。

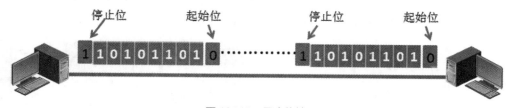

图 10-15　异步传输

2. 同步传输

在同步传输中，不需要增加字符串的起始位或停止位，而是使用统一时钟技术实现数据传输的同步。

同步传输时，在发送一串字符或数据块之前，先发送一个同步字符 SYN（如 01101000）或一个同步字节（如 01111110），告知接收端需要开始进行同步检测，使通信双方进入同步状态。同步传输的通信双方时钟统一，字符与字符间的传输无间隔，每次发送统一数据帧（一串字符，包含起始位和结束位），如图 10-16 所示。

由于同步传输不需要增加字符串的起始位、停止位，因此额外开销大大减少，数据传输效率高于异步传输，常用于高速通信场合。但同步传输需要的硬件比异步传输复杂。

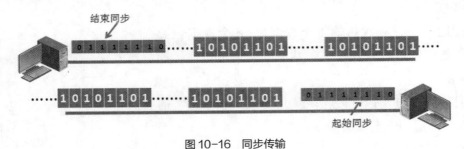

图 10-16　同步传输

10.2.3　了解数据通信方式

在串行通信中，按传输的方向与时间，数据通信方式可分为单工通信、半双工通信和全双工通信 3 种。

1. 单工通信（Simplex Communication）

单工通信是指在两台设备之间，只能沿一个指定的方向进行数据传输，如图 10-17 所示。由于单工通信只支持单向通信，如广播，只能听，不能发。

2. 半双工通信（Half Duplex Communication）

半双工通信指数据在两台设备之间可以沿两个方向进行数据传输，但不能同时进行。在半双工通信中，无论哪一方开始传输，都会占用信道的整个带宽，如图 10-18 所示。对讲机就使用半双工通信，发出一段话后要说一个结束语，然后听对方讲。

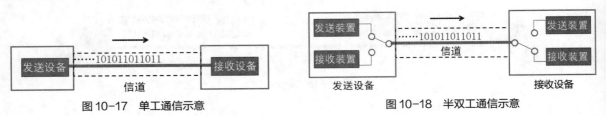

图 10-17　单工通信示意

图 10-18　半双工通信示意

3. 全双工通信（Full Duplex Communication）

全双工通信指数据在两台设备之间可以沿两个方向同时进行数据传输，如图10-19所示。虽然全双工通信效率高，但其组成系统的造价高，适用于计算机之间的高速数据通信，如手机、电话通信等。

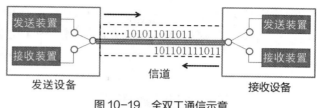

图 10-19　全双工通信示意

10.2.4　了解数据通信类型

1. 基带传输

在网络通信中，由计算机产生的数字信号都是未经调制的信号，其占用的频率范围称为基带。

在基带传输中，信源发出信号是没有经过调制的原始电信号，即发出的信号没有进行频谱变换，仍然使用固有的频带。基带（Base Band）传输是一种最简单的数据通信类型，在线路上直接传输或略加整形传输基带信号，传输过程简单，通信设备的成本低，信号功率衰减小，适用于短距离传输。图 10-20 所示为基带传输示意。

图 10-20　基带传输示意

2. 频带传输

在远程通信中，不能直接传输原始的信号（基带信号），需要利用频带传输信号，也就是使用基带脉冲进行传输。对载波波形的某些参量进行控制，使这些参量随基带呈脉冲变化，这个过程就是调制。

经过调制的信号称为已调信号，该信号通过线路传输到接收端，经过解调恢复为基带信号。

频带传输能弥补许多长途线路不能直接传输基带信号的缺点，还能实现多路复用，提高通信线路的利用率。频带传输的过程复杂，传输距离较远。图 10-21 所示为频带传输示意。

图 10-21　频带传输示意

基带传输和频带传输的最大区别就是是否使用调制解调器。基带传输按数字信号原有波形（脉冲形式）在信道上直接传输，频带传输采用调制、解调技术进行传输。图 10-22 所示为调制解调器。

图 10-22　调制解调器

10.2.5　了解多路复用技术

多路复用技术利用一条物理信道同时传输多路信号，以提高信道的利用率。

多路复用技术利用多路复用器连接多条低速线路，将各自的传输容量组合在一条线路上进行传输，如图 10-23 所示。其优点是仅需一条传输线路，传输介质能得到充分利用，降低了成本，提高了工作效率。

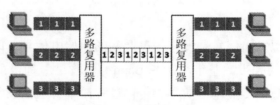

图 10-23　多路复用技术

多路复用技术

常用的多路复用技术有频分多路复用技术、时分多路复用技术和波分多路复用技术。

1. 频分多路复用技术

频分多路复用（Frequency Division Multiplexing，FDM）技术用于将物理信道上的总带宽分成若干个独立的子信道，每个子信道占用一定频带，传输一路信号，各子信道之间留一个宽度（称为保护带）。

如果分配的子信道没有传输数据，则该子信道保持空闲状态，别的用户不能使用。频分多路复用技术适用于模拟信号的传输，如电话和有线电视系统的信号传输。图 10-24 所示为频分多路复用技术。

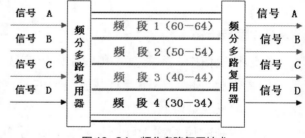

图 10-24　频分多路复用技术

2. 时分多路复用技术

时分多路复用（Time Division Multiplexing，TDM）技术用于将一条物理信道按时间分成若干时间片（时隙），然后将其轮流分配给每个用户，一个用户占用一个时间片，实现多路信号同时发送，适用于数字信号传输。图 10-25 所示为时分多路复用技术。

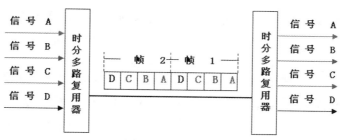

图 10-25 时分多路复用技术

3. 波分多路复用技术

波分多路复用（Wavelength Division Multiplexing，WDM）技术的传输原理与频分多路复用技术相同，即在一根光纤上同时传送多个波长不同的光载波信号。

波分多路复用技术将两种或多种不同波长的光载波信号在发送端经复用器（亦称合波器）汇合，实现在同一根光纤中传输；在接收端使用复用器（也称分波器或去复合器）将各种波长的光载波信号分离，然后由光接收机处理，将其恢复为原始信号。图 10-26 所示为波分多路复用技术。

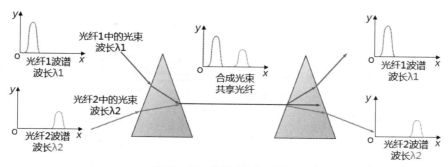

图 10-26 波分多路复用技术

10.2.6 了解数据交换技术

在网络通信过程中，一般都要通过一个由多个节点组成的中间网络，把数据从源点转发到目的点，如图 10-27 所示，这个中间网络也称交换网。交换就是将从一个接口接收到的数据转发到另一个接口的过程。

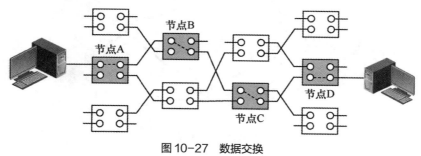

图 10-27 数据交换

常用的数据交换技术有 3 种：电路交换（线路交换）、报文交换和分组交换（包交换）。

1. 电路交换

电路交换是一种直接交换技术，该技术在通信站点之间提供一条临时、专用的通道。使用电路交换进行通信时需要建立（连接）电路，在通信完毕后拆除（断开）电路，该过程可以表示为以下 3 个阶段：电路建立→数据传输→电路拆除。打电话使用的就是电路交换，如图 10-28 所示。

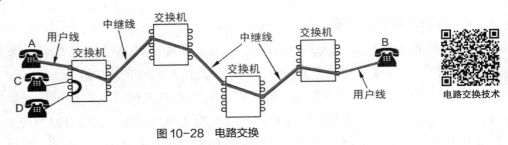

图 10-28　电路交换

2. 报文交换

每一个数据报由传输的数据和报文头组成，报文头包含源地址、目的地址和报文序号。安装在网络中的交换设备，根据报文头中的目的地址匹配地址表，为报文选择传输路径。图 10-29 所示为报文。

图 10-29　报文

在交换网中，节点接收一个报文后，将其暂存在节点存储设备中；等线路空闲时，再根据报文头中的目的地址将报文转发到下一个节点，如此往复，直到报文到达目的终端，如图 10-30 所示。所以，报文交换也称为存储转发。

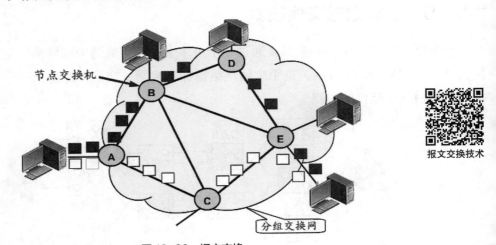

图 10-30　报文交换

由于报文交换在两个节点链路上逐段传输，不需要预先建立一条专用通道，各个节点不被报文独占，因此通信成本很低，但通信延迟很大。

3．分组交换

分组交换也属于存储/转发交换技术，但它不像报文交换那样以报文为单位交换传输，而是以更短的标准分组为单位进行交换传输。分组交换的传输过程如下。

假如 A 站有一份报文要发送给 C 站，A 站先将报文按规定长度分割成若干分组，每个分组附加上序号、地址及纠错信息；然后将这些分组一个一个按顺序通过中间节点，转发到交换网中的 C 站。

分组交换有两种方式：数据报传输和虚电路传输。

（1）数据报传输

在数据报传输中，报文被分割成一个一个更小的报文分组（如 P_1、P_2、P_3 等），每一个报文分组都含有源地址和目的地址；然后将每一个报文分组按顺序、连续发送给中间节点，中间节点每接收一个报文分组，就将其先存储下来，再为每一个报文分组独立寻找路径，如图 10-31 所示。

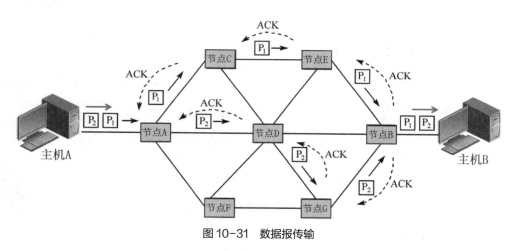

图 10-31　数据报传输

（2）虚电路传输

虚电路传输采用的是电路交换技术的分组交换技术。两台设备在发送数据前，先通过网络建立逻辑连接，所有数据分组都必须沿着这条虚拟的电路传输，如图 10-32 所示。

虚电路传输的优点：通信传输效率高，分组传输时延短，不容易丢失数据分组。缺点：对网络的依赖性大。

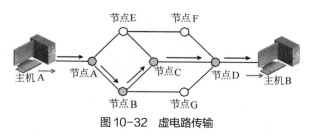

图 10-32　虚电路传输

任务 10.3　了解数据的编码和调制技术

 任务描述

　　小明虽然掌握了基本的网络通信原理，但关于网络通信中的编码和调制技术了解很少，分不清楚调制和解调，因此，小明需要深入学习数据的编码和调制技术。

 任务分析

　　所有调制技术均涉及载波信号的幅度、频率和相位中一个或几个参数的变化。数据信号经过调制转换为模拟信号，然后通过传输介质发送出去，并在接收端进行解调，转换为原来的形式。

 **技术介绍**

10.3.1　了解数据编码类型

　　在一定条件下，可以将模拟信号编码成数字信号，或将数字信号编码成模拟信号。其中，使用到的数据编码类型有 4 种，如图 10-33 所示。

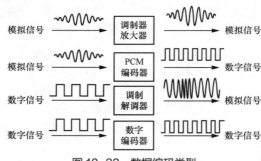

通信中编码
技术

图 10-33　数据编码类型

10.3.2　了解数据的模拟信号调制

　　在电话交换系统中，需要将模拟话音的信号编码成数字信号后再传输，该过程使用的是脉冲编码调制（Pulse Code Modulation，PCM）技术，其原理如图 10-34 所示。PCM 是一种将模拟信号转换为二进制数脉冲的技术，该技术在光纤通信、数字微波通信中获得了广泛应用。电话语音信号是模拟信号，如果电话语音信号要在数字线路上传输，就必须先将其转换成数字信号，这需要经过以下 3 个步骤。

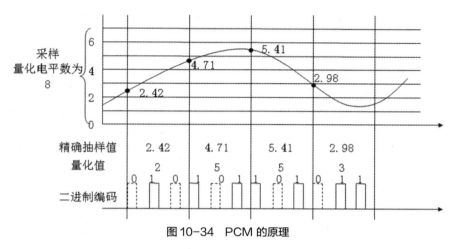

图 10-34 PCM 的原理

1. 采样

按一定间隔对电话语音信号采样。通过某种频率取样脉冲，将模拟信息值取出，变连续模拟信号为离散信号。

2. 量化

确定采样得到的离散信号的数值（离散值）。通过一定量化级，对离散值进行"取整"量化，得到离散信号的具体数值。

3. 编码

对每个样本进行编码。将量化后的值编码成一定位数的二进制数。通过调制 / 解调、编码 / 解码技术，保证计算机之间以数字信号方式通信，编码后的信号称为 PCM 信号。

10.3.3 了解数据的数字信号编码方式

在基带传输时，需要完成数字信号的编码及信号同步。数字信号编码方式主要有 3 种：不归零码、曼彻斯特编码和差分曼彻斯特编码，如图 10-35 所示。

1. 不归零码

不归零码指当发送端发送 0 或 1 时，在一个码元内，信号不会返回初

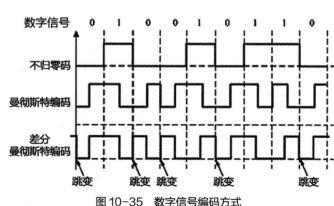

图 10-35 数字信号编码方式

始状态（0）。当发送端连续发送1或0时，上一码元与下一码元之间没有间隙，接收端和发送端无法保持同步。图10-36和图10-37所示分别为单极性不归零码和双极性不归零码。

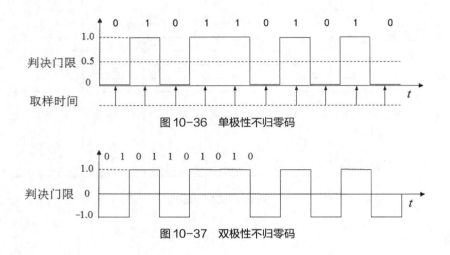

图10-36   单极性不归零码

图10-37   双极性不归零码

2. 曼彻斯特编码

曼彻斯特编码（Manchester Encoding）中每一位的中间都有一个跳变。位中间的跳变既作为时钟，又作为数据。从高电平到低电平的跳变表示为1，从低电平到高电平的跳变表示为0。

由于跳变发生在每一个码元的中间位置（半个周期），接收端用它作为同步时钟，因此曼彻斯特编码又称为自同步曼彻斯特编码，如图10-38（a）所示。

3. 差分曼彻斯特编码

差分曼彻斯特编码（Different Manchester Encoding）也是一种自同步编码。其中，每一位起始处有无跳变分别表示为0和1。在起始处与前一个码元比较，若有跳变则为0，若无跳变则为1，每一位中间的跳变作为同步的时钟信号，如图10-38（b）所示。

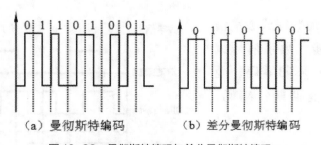

（a）曼彻斯特编码   （b）差分曼彻斯特编码

图10-38   曼彻斯特编码与差分曼彻斯特编码

曼彻斯特编码与差分曼彻斯特编码都将时钟和数据融为一体，在传输信息的同时，将时钟同步信号一起传输到接收端，具有自同步和良好的抗干扰性能。

10.3.4　了解数字信号的模拟信号调制

在模拟信道上传输数字信号时，将模拟信号作为载波，用于加载数字信号的传输过程。其中，发送端的数字信号要转换成模拟信号才能传输，此过程称为调制（Modulate）；在接收端将模拟信号转换成数字信号，此过程称为解调（Demodulate）。

模拟信号发送的信号是一种连续、频率恒定的信号，该信号用正弦波形式表示。调制的过程就是改变正弦波的幅度、频率或相位，使这些参数随着数字基带信号的变化而变化，即用数字信号来实现幅度调制、频率调制或相位调制。数字信号调制方式称为键控，主要包括幅移键控、频移键控和相移键控。

1. 幅移键控（Amplitude Shift Keying，ASK）

使用载波信号的两个不同振幅表示两个二进制数。移幅就是把频率、相位作为常量，而把振幅作为变量，信号通过载波来传递。其中，用载波幅度 A_m 表示数字信号 1，用载波幅度 0 表示数字信号 0，如图 10-39 所示。

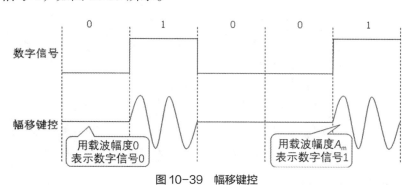

图 10-39　幅移键控

2. 频移键控（Frequency Shift Keying，FSK）

使用载波信号附近两个不同频率表示两个二进制数，即通过改变载波信号的角频率来表示数字信号 1、0。对于频移键控来说，幅度和相位是常量，频率是变量，如图 10-40 所示。

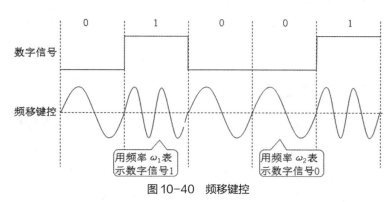

图 10-40　频移键控

3. 相移键控（Phase Shift Keying，PSK）

使用载波信号的相位移动表示二进制数，即通过改变载波信号的相位值来表示数字信号 1、0。对于相移键控来说，幅度和频率为常量，相位为变量，如图 10-41 所示。

在数字信号的相位调制过程中，对应于数字信号 1 和 0 采用固定不变的相位，例如，1 对 应 0 相位，0 对应 180° 相位，这种调制方式就称为绝对调相。与绝对调相不同，相对调相并 不是对数字信号 1 和 0 以固定的相位关系进行调制，而是一种相对的关系。在相对调相过程 中，当遇到基带信号 1 时，载波的相位相对于前一个码元相位会改变 180° （即倒相）；而当 遇到基带信号 0 时，载波的相位相对于前一个码元相位保持不变。这种调制规律也可以反过来 应用。相对调相的特点在于其相位变化是相对于前一个码元而言的，而不是固定不变的。

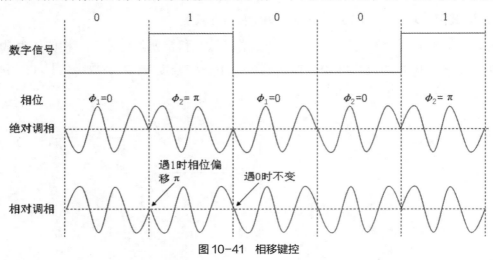

图 10-41　相移键控

3 种调制方式的特点比较如下。

幅移键控的编码效率低，容易受噪声变化的影响，抗干扰性较差。在音频电话线路上， 只能达到 1200bit/s 的传输速率。

频移键控的编码效率比幅移键控高，在音频电话线路上，传输速率可以大于 1200bit/s， 技术简单，抗干扰性较强，是目前常用调制方式之一。

相移键控具有很强的抗干扰能力，其编码效率比频移键控还要高，在音频电话线路上， 传输速率可达 9600bit/s。

10.3.5　了解差错控制技术

传输中的差错都是由两类噪声引起的，一类是信道固有的、持续存在的随机热噪声，如 信号衰减和热噪声；另一类是由外界特定的短暂原因造成的冲击噪声，如电气特性引起信号 的幅度、频率、相位畸变等产生的噪声。

针对网络传输产生的差错，可以使用差错控制技术来减少传输差错率。通常是接收端进行差错检测，并告知发送端是否已正确接收。常见的差错检测技术有奇偶校验、循环冗余校验及方块校验（下文省略）。

1. 奇偶校验

奇偶校验（Parity Checking）又称字符校验，即在每个字符编码的后面增加一个校验位，使整个编码中 1 的个数成为奇数或偶数。在传输每个字符的数据位之前，先检测并计算奇偶校验位，根据采用的奇偶校验位是奇数还是偶数，推出一个字符包含 1 的数目，接收端重新计算收到字符的奇偶校验位，并确定该字符是否出现传输差错。

图 10-42 所示为在数码 1100010 上增加偶校验位后，其变为 11000100。若接收端收到字符的奇偶校验结果不正确，则传输中发生了错误。

奇偶校验的特点：只能发现单个比特差错，如果有多个比特出错，奇偶校验无效。奇偶校验一般用于对通信要求较低的异步传输和同步传输环境中。

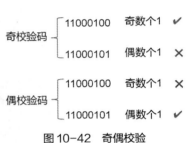

图 10-42　奇偶校验

2. 循环冗余校验

循环冗余码（Cyclic Redundancy Code，CRC）是使用最广泛，并且检错能力很强的一种检验码。

在发送端产生一个循环冗余码，将其附加在数据后，一起发送到接收端；接收端收到数据，按照发送端形成循环冗余码的算法进行除法运算。若余数为 0，则表示接收数据正确；若余数不为 0，则表示数据在传输的过程中出错，需要重传数据。图 10-43 所示为循环冗余校验。

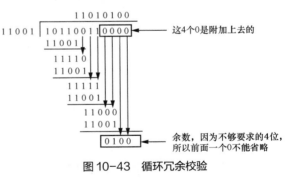

图 10-43　循环冗余校验

🔆 科技之光

工业 5G：星星之火，可以燎原

"百年老店"首钢在搬迁地唐山曹妃甸新厂区，抢先炼成"智慧钢铁"，如图 10-44 所示。自 2019 年起，首钢京唐、中国移动和华为共同探索，利用 5G 并融合边缘计算、机器视觉及 AI 等技术，推动钢铁工厂实现各环节智能化和无人化，打造 5G 无人天车、5G 安全生产视频回传、5G AR 辅助巡检、5G 远程集控及 5G 园区安防等应用场景。在技术方面，由于华为的 5G 技术具有大带宽、低时延、高速率等特点，通过 5G 实现钢铁工厂各环节的智能化和无人化，给钢铁工业带来了鲜活的"动力神经"。

如果说"5G+ 远程操控"结束了钢铁工人高空作业的时代，那么"5G+AI"则使首钢京唐的钢铁生产实现了"降本增效"。 2020 年，我国粗钢产量达 10.53 亿吨。其中河北粗钢产量近 2.5 亿吨，而唐山粗钢产量为 1.44 亿吨，唐山粗钢产量占全国粗钢总产量的 13.7%。从而实现了"世界钢铁看中国，中国钢铁看河北，河北钢铁看唐山"的宏伟目标。

图 10-44　唐山曹妃甸首钢新厂区炼成"智慧钢铁"

认证试题

下面每一题的多个选项中，只有一个选项是正确的，将其填写在括号中。

1. （　　　）是信息传输的物理信道。

  A. 信道　　　　　　　　B. 数据　　　　　　　　C. 编码　　　　　　　　D. 介质

2. 数据传输速率是指每秒传输的二进制比特数，单位为比特 / 秒，通常记作（　　　）。

  A. bit/s　　　　　　　　B. bps　　　　　　　　C. bpers　　　　　　　　D. baud

3. 同一时刻，数据只能有一个传输方向的通信方式称为（　　　）。

  A. 单工通信　　　　　　B. 半双工通信　　　　　C. 全双工通信　　　　D. 模拟通信

4. 能够向数据通信网络发送和接收数据的设备称为（　　　）。

  A. 数据终端设备　　　　　　　　　　　　　　B. 调制解调器

  C. 数据线路端接设备　　　　　　　　　　　　D. 集线器

5. 在计算机网络通信系统中，作为信源的计算机发出的信号都是（   ）信号，作为信宿的计算机所能接收和识别的信号要求必须是（   ）信号。

    A. 数字 数字　　　　B. 数字 模拟　　　　C. 模拟 数字　　　D. 模拟 模拟

6. 在数据通信中，利用电话交换网与调制解调器进行数据传输的方法属于（   ）。

    A. 频带传输　　　　B. 宽带传输　　　　C. 基带传输　　　D. IP 传输

7. 在数字通信信道上直接传输基带信号的方法称为（   ）。

    A. 宽带传输　　　　B. 基带传输　　　　C. 并行传输　　　D. 频带传输

8. 计算机通信采用的交换技术有分组交换和电路交换，前者与后者相比，（   ）。

    A. 实时性好，线路利用率高　　　　　　B. 实时性好，线路利用率低

    C. 实时性差，线路利用率高　　　　　　D. 实时性差，线路利用率低

9. 目前公用电话网使用的交换方式为（   ）。

    A. 电路交换　　　　B. 分组交换　　　　C. 数据报交换　　　D. 报文交换

10. 在数据传输中，（   ）交换的传输延迟最小。

    A. 报文　　　　　　B. 分组　　　　　　C. 电路　　　　　D. 信元

参考文献

[1] 谢希仁. 计算机网络 [M]. 7 版. 北京：电子工业出版社，2017.

[2] 凯文 R. 福尔，W. 理查德·史蒂文斯. TCP/IP 详解 [M]. 吴英，译. 北京：机械工业出版社，2016.

[3] 谢钧，谢希仁. 计算机网络教程（微课版）[M]. 6 版. 北京：人民邮电出版社，2021.

[4] 汪双顶，陈外平，蔡飐. 计算机网络基础 [M]. 北京：人民邮电出版社，2016.